イチからはじめる

アドビ エクスプレス
Adobe Express
ビジネス活用入門

IMAKE
濱野 将・桑原杏咲
あしたの仕事力研究所

日経BP

INDEX

はじめに ･･･ 4

Chapter 01　Adobe Express の基本を知ろう ･････････ 9
1. Adobe Express をはじめる ････････････････ 10
2. ホーム画面・編集画面の確認 ･･･････････････ 15
3. 基本操作の体験 ･････････････････････････ 17

Chapter 02　名刺を作成しよう ･･･････････････････ 27
1. 名刺を作る前に確認すること ･･･････････････ 28
2. テンプレートの探し方 ･･････････････････････ 30
3. 名刺を作る ････････････････････････････ 36

Chapter 03　チラシの「表面」を作成しよう ････････ 45
1. チラシを作る前に確認すること ･････････････ 46
2. チラシのテキストを変更・追加する ･･･････････ 48
3. チラシの要素を配置する ･･･････････････････ 54

Chapter 04　チラシの「裏面」を作成しよう ････････ 63
1. チラシの裏面を作る ･･････････････････････ 64
2. 図形を繰り返し配置する ････････････････････ 75
3. デザインのダウンロードと印刷 ･･･････････････ 81

Chapter 05　オンライン MTG の背景を作成しよう ････ 83
1. オンライン MTG の背景を作る前に確認すること ････ 84
2. テキストと QR コードを配置する ･･･････････ 88
3. 文字フレームを使ってテキストを装飾する ････････ 93

Chapter 06　ビジネスで使えるスライドショーを作成しよう ････ 97
1. 見やすいスライドショーを作るためのコツ ････････ 98
2. グラフと表を作成する ･･･････････････････ 105
3. スライドショーの再生と配布 ････････････････ 117

Chapter 07　商品宣伝用の SNS 画像を作成しよう ････ 125
1. プレミアムプランについて ･････････････････ 126
2. 白紙から SNS 画像を作成する ･････････････ 132
3. 「背景を削除」と「消しゴム」を活用する ･････････ 138

Chapter 08 セールをお知らせするSNS画像を作成しよう・・・・・143
1. 「グリッド」を使った写真配置・素材の切り抜き ・・・・・・・・・・・ 144
2. AI機能を使った素材写真の調整 ・・・・・・・・・・・・・・・・・・・・・ 154
3. アドオンを使ってよりリッチに仕上げる ・・・・・・・・・・・・・・・・ 159

Chapter 09 ブランド機能を使ってSNS画像を作成しよう・・・・167
1. 「テンプレート」を使ったデザインの共有 ・・・・・・・・・・・・・・・ 168
2. 「ブランド」を使ってデザイン要素を登録する ・・・・・・・・・・・・ 171
3. 「ブランド」を使って効率良くデザインを作る ・・・・・・・・・・・・ 185

Chapter 10 デザインを大量生産して、予約投稿しよう・・・・・・191
1. 「共同編集」を使って効率的にデザインを作成する ・・・・・・・・ 192
2. 「一括作成」を使ってデザインを大量生産する ・・・・・・・・・・・ 199
3. 「投稿予約」を使ったSNS投稿の効率化 ・・・・・・・・・・・・・・・ 207

Chapter 11 ショート動画を作成しよう ・・・・・・・・・・・・・・215
1. ショート動画とは ・・・・・・・・・・・・・・・・・・・・・・・・・・・・・・ 216
2. タイムラインパネルについて ・・・・・・・・・・・・・・・・・・・・・・ 218
3. 簡単なショート動画を作る ・・・・・・・・・・・・・・・・・・・・・・・ 223

Chapter 12 キャンペーン告知のショート動画を作成しよう ・・・・229
1. キャンペーン告知のショート動画の作成準備 ・・・・・・・・・・・・ 230
2. アニメーションやオーディオを追加する ・・・・・・・・・・・・・・・ 234
3. シーンを追加する ・・・・・・・・・・・・・・・・・・・・・・・・・・・・ 236

Chapter 13 商品宣伝用のショート動画を作成しよう ・・・・・・・245
1. 動画素材の配置とトリミング ・・・・・・・・・・・・・・・・・・・・・ 248
2. 動画素材にテキストやアニメーションを追加する ・・・・・・・・・ 253
3. ショート動画を仕上げる ・・・・・・・・・・・・・・・・・・・・・・・・ 259

Chapter 14 画像生成AI「Adobe Firefly」の活用 ・・・・・・・265
1. AI機能を使った画像生成（Adobe Express編）・・・・・・・・・ 267
2. AI機能を使った画像生成（Adobe Firefly編）・・・・・・・・・・ 274
3. 生成AIの著作権について ・・・・・・・・・・・・・・・・・・・・・・・ 282

索引 ・・・ 284

はじめに

本書の特徴

本書は、クリエイティブツールの大手であるAdobeが提供するデザインアプリ「Adobe Express」を、ビジネスシーンでご活用いただくための入門書です。
基本的な操作から始まり、段階的にスキルを習得できるように構成されています。
学ぶにあたって、特別な知識や才能は必要ありません。誰でもデザインができるAdobe Expressに触れて、デザインの第一歩を踏み出してみましょう。

使用する素材について

本書では、Adobe Expressの基本操作を身に付けるために、「素材テンプレート」と「素材ファイル」を使用します。
各Chapterの冒頭に使用する素材を記載していますので、それらをご準備いただいたうえで操作に取り組んでください。

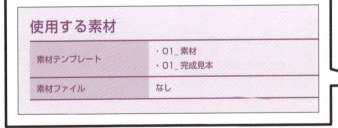
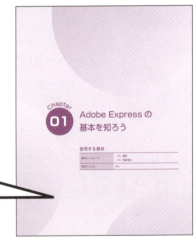

素材テンプレート

デザインのベースとなるテンプレートです。
ご自身のアカウントにダウンロードします。

素材ファイル

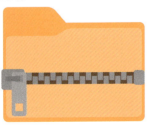

画像や各種データのファイルです。
パソコンにダウンロードします。

素材のダウンロード方法

各素材データは、下記のダウンロードページからダウンロードしてください。

ダウンロードページ

https://ashitanoshigotoryoku.net/adobeexpress/

パスワード：t7LifwPC

素材ファイル
※文字をクリックするとダウンロードが開始されます。

素材ファイル

素材テンプレート
※文字をクリックするとテンプレートが表示されます。

	素材	完成見本
Chapter 01	01_素材	01_完成見本
Chapter 02	02_素材	02_完成見本
Chapter 03	03_素材	03_完成見本

▶▶「素材テンプレート」のダウンロード方法については以下を確認

■ 素材テンプレートをダウンロードする方法

❶ **Adobe Express にログイン**
素材テンプレートのダウンロードは、Adobe Express にログインした状態で行ってください。

❷ **新しいタブを開く**

❸ ダウンロードページの URL を入力して「Enter」キーを押す

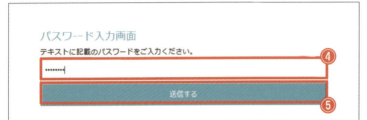

❹ パスワード「t7LifwPC」を入力

❺ 「送信する」をクリック

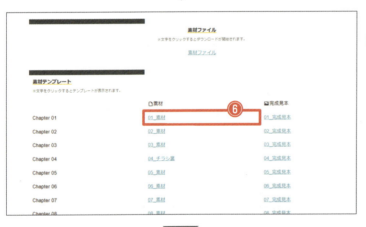

ダウンロードページが表示されます。

❻ 使用する素材テンプレートをクリック

素材テンプレートが開きます。

❼ 「編集」をクリック

ダウンロードしたテンプレートの編集画面が表示されます。

※ テンプレートのファイル名を変更する方法については、P.16 参照

これで、テンプレートが自分のアカウント内に保存され、自分のものとして自由に編集できるようになります。

■ 素材テンプレートの編集を終了する方法

❶ タブを閉じる

Adobe Express は自動保存

Adobe Express では、編集した内容は自動で保存されます。そのため、テンプレートの作業を終了するときは、編集画面のタブを閉じるだけで OK です。

■ 保存されているテンプレートを開く方法

編集作業を終了後、再度テンプレートの編集を行う場合は、以下の方法でテンプレートを開きましょう。

❶ **Adobe Express のホーム画面を表示**

画面左上のロゴマークをクリックすると、Adobe Express のホーム画面が表示されます。

❷ **「マイファイル」をクリック**

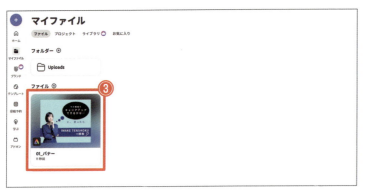

❸ **テンプレートをクリック**

テンプレートの編集画面が表示されます。

■ ご注意

・本書に記載されている情報は 2024 年 12 月時点のものです。サービスやソフトウエアのアップデート等により、ご利用時に機能や画面のデザイン、操作手順等が変更されている場合がありますのでご注意ください。

・本書で使用しているサンプルに記載されている会社名、サービス名、個人名等はすべて架空のものです。実在の会社名、サービス名、個人名等とは一切関係がありません。

・本文中に記載されている会社名、商品名、サービス名は、それぞれの会社の商標、登録商標、商品名、サービス名です。なお、本文中に TM マークや®マークは記載しておりません。

Adobe Express の基本を知ろう

使用する素材

素材テンプレート	・01_素材 ・01_完成見本
素材ファイル	なし

1 Adobe Express を はじめる

Adobe Express（アドビ エクスプレス）とは

Adobe Expressは、グラフィック、DTP、ビデオ編集といったクリエイティブツールの大手であるAdobeが提供するデザインアプリです。
必要最低限の機能と豊富なテンプレートが用意されているため、デザイン経験のない人でもプロに近い仕上がりの制作物を感覚的に作成することができます。

Adobe Express が使えると…

職場での「ちょっとしたデザイン業務」を任せてもらえるようになる

Adobe Expressが使えると、プレゼン資料や名刺のデザインなど業務で発生するクリエイティブな依頼に対応できるようになるため、わざわざ外注する必要がなくなります。
また、複数人で1つのデータを共同編集することもできるので、「デザイン担当者がいないから修正できない…」ということも起こりません。

簡単で、スピーディーに、クオリティーの高いデザインが作成できる

Adobe Expressでは、ワンクリックで素材を追加したり、ドラッグで素材を移動させたりと、マウスで直感的に操作をすることができます。また、豊富なテンプレートやAI（人工知能）機能を活用することで、作業の時間短縮も可能です。

＜制作物の例＞

名刺

チラシ

プレゼン資料

デザイナー御用達の「Adobe」のアプリなので、おしゃれな素材やテンプレートも豊富！

料金プランについて

仕事で使うなら「プレミアムプラン」（有料）がおすすめ

Adobe Expressには、無料で気軽に始められる「無料プラン」がありますが、仕事で使うなら断然「プレミアムプラン」がおすすめです。利用できる素材の数や保存容量が多く、すべての機能を制限なしで利用できるため、業務で行うデザイン作業に非常に適しています。

※ 本書では、Chapter01 〜 Chapter06 までは無料プラン、Chapter07 以降は有料プランを使って解説します。

＜無料プランとプレミアムプランの比較（一部）＞

	無料プラン	プレミアムプラン
テンプレート	22万点以上	35万点以上
フォント	1000種類以上	2万5000種類以上
写真素材	50万点以上	2億8000万点以上
ストレージ（保存可能な容量）	5GB	100GB
価格	無料	1180円／月　1万1980円／年

※ 2024年12月現在
※ 価格は税込

📝 **MEMO** ｜ IllustratorやPhotoshopの利用者はプレミアムプランが使える

Adobeが提供する「Illustrator」や「Photoshop」などのデザインツールを利用している方は、Adobe Expressのプレミアムプランが使えます。

会社でAdobe製品を利用している方は、プランの内容を確認して「Adobe Express」が含まれてるか確認してみましょう。

📝 **MEMO** ｜ 教育機関向け、非営利団体向けのプラン（無料）もあり

教育機関や非営利団体の場合、プレミアムプランと同等の機能が無料で利用できるプランが用意されています。

※ 2024年12月現在
※ 詳細は、Adobe Expressの公式サイトでご確認ください。

商用利用について

Adobe Express では商用利用が可能

商用利用とは、製品やサービスを営利目的で利用することです。
Adobe Express を使って作成したチラシやバナー、ロゴなどは、基本的に商用利用が認められています。

＜商用利用の例＞
- Adobe Express を使って制作したポスターを第三者に販売する
- Adobe Express のフォントを使ったロゴを会社の SNS アイコンとして使用する

ただし、クライアントワーク（顧客から依頼を受けて行う業務）での利用には、いくつかの制約があります。その場合は、Adobe Express の規約をきちんと確認するようにしましょう。

Adobe Express の利用に必要なもの

Adobe Express は、Web サイト上で動作する Web アプリのため、利用にはパソコンやインターネット環境が必要です。また、アカウントを取得するためのメールアドレスも用意する必要があります。

パソコン
グラフィックの作成は
パソコンを使って行ないます。

インターネット環境
オンラインで作業するため、インターネット環境が必要です。

メールアドレス
アカウントの登録に
使用します。

アカウントの取得

Adobe Express の利用には、Adobe アカウント（Adobe ID）が必要です。
Adobe Express のページにアクセスし、まずはご自身のアカウントを作成しましょう。

<Adobe Express のトップページ>
https://www.adobe.com/jp/express/

❶「Adobe Express を無料で始める」をクリック

❷「アカウントを作成」をクリック

・メールアドレス
・パスワード
・名前
・利用目的や好みのデザイン

などを登録してアカウントを取得します。

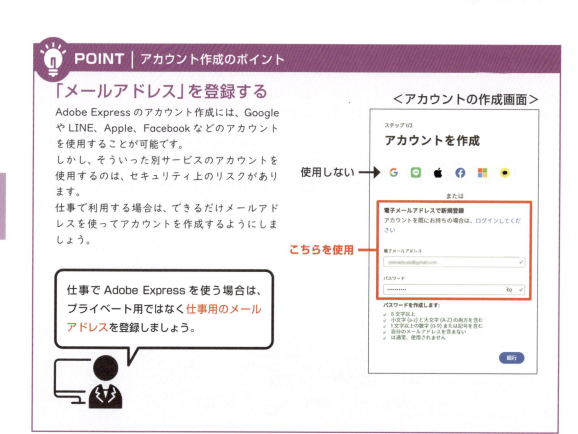

2 ホーム画面・編集画面の確認

Adobe Express では、「ホーム画面」と「編集画面」という 2 種類の画面を使って作業を進めます。

ホーム画面

ログインすると最初に表示される画面です。左側に様々なメニューがあり、ここからファイルを開いたり、テンプレートを検索したりすることができます。

＜ホーム画面の構成＞ ※よく使用する機能のみを解説します。

1 検索ボックス
入力したキーワードで、テンプレートや素材などを検索することができます。

2 新規作成
ファイルを新規で作成するときに使うボタンです。

3 マイファイル
これまでに作成したファイルが保管されています。

4 テンプレート
テンプレートを利用する際に使うメニューです。様々な種類のテンプレートが一覧で表示されます。

編集画面

ホーム画面の ⊕（新規作成）をクリック、またはテンプレートを選択（P.33参照）すると、デザインの編集画面が表示されます。編集画面には、右側に作業スペースとなる「アートボード」があり、左側にあるパネルから写真や図形、文字などを追加することができます。

＜編集画面の構成＞　※よく使用する機能のみを解説します。

1 検索
Adobe Express 内のすべての素材（テンプレート、写真、動画、アイコンなど）をキーワードで検索することができます。

2 マイファイル
これまでに作成したファイルを表示できます。

3 アップロード
パソコンに保存している画像などをアップロードするボタンです。

4 メディア
Adobe Express 内の写真や動画、オーディオ（音声）をアートボードに追加するボタンです。

5 テキスト
文字（テキストボックス）をアートボードに追加するボタンです。

6 素材
デザイン素材や背景画像、図形、アイコンなどをアートボードに追加するボタンです。

7 グラフとグリッド
グラフや表、グリッド（写真などをきれいに配置するための枠）をアートボードに追加するボタンです。

> **📝 MEMO｜ファイル名を変更する**
>
> ファイル名の変更は、画面上端にあるファイル名を直接クリックして編集することで行えます。

基本操作の体験

ここでは、素材のテンプレートファイルを使ってAdobe Expressの基本的な操作を確認します。

準備
① 素材テンプレート「01_素材」を開きましょう。(P.5参照)
② 素材テンプレートのファイル名を「01_バナー」に変更しましょう。(P.16参照)

完成見本

01_バナー

デザインを作成するときのポイント

● 失敗したら ⤺ で操作を取り消す

編集画面上部にある ⤺ をクリックすると、編集した内容を取り消して1つ前の状態に戻すことができます。
操作を間違えた場合や、編集後の状態が気に入らないときは、⤺ をクリックしましょう。

※ 取り消しの操作は、キーボードの
・「Ctrl」キー +「Z」キー（Windows）
・「command」キー +「Z」キー（Mac）
を押すことでも行えます。

● アートボードを拡大/縮小しながら作業する

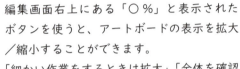

編集画面右上にある「○%」と表示されたボタンを使うと、アートボードの表示を拡大/縮小することができます。
「細かい作業をするときは拡大」「全体を確認するときは縮小」というように、適宜表示を切り替えながら作業を行いましょう。

※「拡大/縮小」は、キーボードの
・「Ctrl」キー + マウスホイールを回す（Windows）
・「command」キー + マウスホイールを回す（Mac）
ことでも行えます。

● 編集内容は自動で保存される

Adobe Express では、編集した内容が自動で保存されます。

編集中にホーム画面に戻ったり、そのままブラウザーを閉じたりしても、編集内容はきちんと保存されていますよ！

基本操作の体験

以下の指示に従って、Adobe Express を操作してみましょう。

■ オブジェクトの色を変更する

楕円の図形を選択し、色を変更します。

① **図形を選択**
図形をクリックして選択します。

② **「塗り」の ■ をクリック**

③ **設定する色をクリック**

※「カスタム」をクリックすると、色味や鮮やかさ、明るさ、不透明度を調整して色を設定することができます。

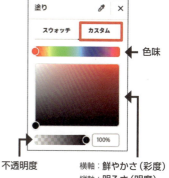

横軸：鮮やかさ（彩度）
縦軸：明るさ（明度）

クリックした色が、選択している図形に設定されます。

POINT | 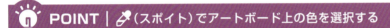(スポイト)でアートボード上の色を選択する

色の選択メニューにある🎨(スポイト)を使うと、アートボード上にある色を選択することができます。

❶ 🎨をクリック

❷ アートボード上にある抽出したい色をクリック

クリックした場所と同じ色が、選択している図形に設定されます。

■ アイコンを追加する

「？」のアイコン素材をアートボードに追加します。

アイコンの追加

❶ 「素材」をクリック

❷ 「アイコン」をクリック

※「アイコン」が表示されていない場合は、右端の「>」をクリックしてください。

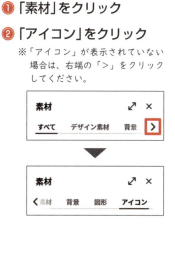

❸ **キーワードを入力して「Enter」キーを押す**

ここでは、「？」と入力して「Enter」キーを押します。

❹ **検索結果を確認し、追加するアイコンをクリック**

アイコンが追加されます。

調整

❺ **アイコンを調整**

ここでは、アイコンを人物の上に移動し、サイズを調整して少し回転させます。
※ 操作方法は次ページMEMO参照

MEMO｜オブジェクトの移動・サイズ変更・回転・削除

「図形」「アイコン」「テキストボックス」「写真」などのオブジェクトは、以下の方法で配置やサイズを調整することができます。

■ 移動

オブジェクトを選択し、移動する方向にドラッグします。

※ 対象をクリックし、マウスのボタンを押したまま動かす操作を「ドラッグ」といいます。

■ サイズ変更

オブジェクトの四隅にある○をドラッグします。

■ 回転

オブジェクトの下にあるをドラッグします。

■ 削除

オブジェクトを選択し、「Delete」キー（または「BackSpace」キー）を押します。

■ 図形を追加する

楕円の図形素材をアートボードに追加します。

※「素材」パネルの検索ボックスに「?」が残っている場合は、右端の「×」ボタンで削除しておきましょう。

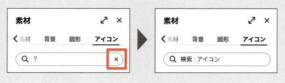

図形の追加

① 「素材」をクリック

② 「図形」をクリック

③ 図形の種類を選び、「すべて表示」をクリック

ここでは、「円」の図形をすべて表示します。

④ 追加する図形をクリック

ここでは、楕円をクリックします。

図形が追加されます。

調整

❺ **図形を調整**

ここでは、図形の色やサイズ、配置を左（グレーの楕円）のように調整します。
※ 色の変更方法は P.19 参照
※ 操作方法は P.23 参照

■ オブジェクトの重なり順を変更する

追加した楕円を青い楕円の背面に移動し、影になるように配置します。

❶ をクリックしてレイヤーを表示

※ すでにレイヤーが表示されている場合は、この操作は不要です。

❷ **重なり順を変更するレイヤーをドラッグ**

ここでは、一番上に配置されている楕円のレイヤーをドラッグします。

❸ **配置する位置でドロップ**

青い楕円の下までドラッグし、スペースが空いたらドロップします。

※ 目的の場所までドラッグした後、マウスのボタンを離して配置する操作を「ドロップ」といいます。

グレーの楕円が、青い楕円の背面に配置されます。

POINT｜レイヤー機能

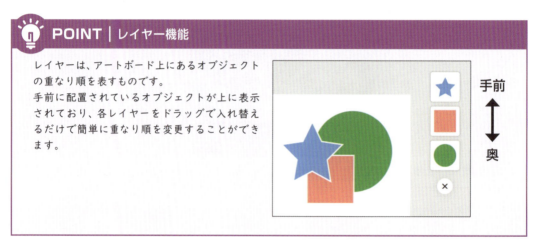

レイヤーは、アートボード上にあるオブジェクトの重なり順を表すものです。
手前に配置されているオブジェクトが上に表示されており、各レイヤーをドラッグで入れ替えるだけで簡単に重なり順を変更することができます。

MEMO｜重なり順を変更するその他の方法

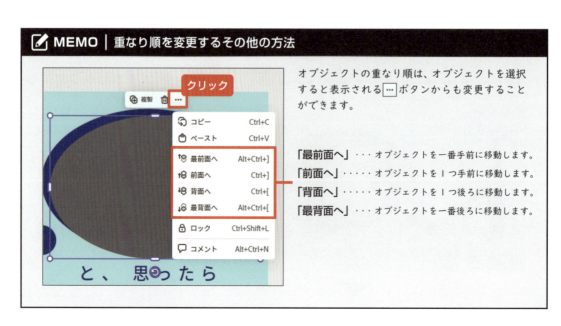

オブジェクトの重なり順は、オブジェクトを選択すると表示される […] ボタンからも変更することができます。

「最前面へ」・・・オブジェクトを一番手前に移動します。
「前面へ」・・・・・オブジェクトを１つ手前に移動します。
「背面へ」・・・・・オブジェクトを１つ後ろに移動します。
「最背面へ」・・・オブジェクトを一番後ろに移動します。

Chapter 02 名刺を作成しよう

使用する素材

素材テンプレート	・02_素材 ・02_完成見本
素材ファイル	・02_名刺ロゴ.png

1 名刺を作る前に確認すること

名刺を作成するときは、いきなり手を動かすのではなく、しっかりと下準備をしておくことが大切です。
ここでは、制作を始める前に決めておくべきことや、確認すべきことについて解説します。

名刺に記載する要素を確認する

まずは、名刺に何を記載するかを考えます。このときに大切なのは、1つ1つの要素の役割を理解することです。名刺を渡した相手にどうしてほしいのか、何を印象付けたいのかなどをしっかりと考え、目的に沿った要素を記載するようにしましょう。
記載する要素が会社で決まっている場合は、上長などに相談して決めてください。

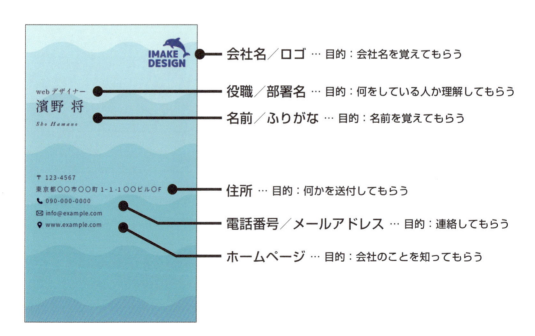

- 会社名／ロゴ … 目的：会社名を覚えてもらう
- 役職／部署名 … 目的：何をしている人か理解してもらう
- 名前／ふりがな … 目的：名前を覚えてもらう
- 住所 … 目的：何かを送付してもらう
- 電話番号／メールアドレス … 目的：連絡してもらう
- ホームページ … 目的：会社のことを知ってもらう

名刺に記載する要素の数や重要度は、制作時のレイアウトにも影響します。作り始める前に、きちんと決めておきましょう。

デザインの方向性を決める

名刺に記載する要素が決まったら、デザインの方向性（雰囲気や色、使用するフォントなど）を考えます。
上司、あるいは社内の有識者から「自社の特徴」「目指している姿」「伝えたいイメージ」などについての聞き取りを行い、それに合ったデザインを考えましょう。

POINT｜デザインは意図が重要

名刺に限らず、デザインは「意図」が非常に重要です。
例えば、依頼者に「なぜこの色を使ったのですか？」と聞かれた際の答えが「なんとなく…」では、説得力がなく、相手に不安を与えてしまいます。
名刺に記載する要素やデザインの方向性を決めるときは、その理由や根拠をしっかりと考えましょう。

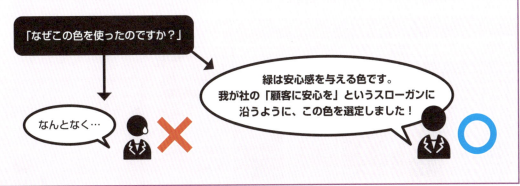

MEMO｜記載内容やデザインは会社で規定されている場合がある

企業によっては、コーポレートカラーやフォント、ロゴ、載せるべき情報（企業理念など）が決まっていることがあります。
上長などの責任者に確認し、そういった決まりごとがある場合はその意向に沿ったデザインにしましょう。

2 テンプレートの探し方

「テンプレート」の画面で探す

Adobe Expressでのデザイン制作で最初に行うのが、テンプレート探しです。

ホーム画面の「テンプレート」ボタンをクリックすると、様々な種類のテンプレートが一覧で表示されます。ここから検索（P.31参照）やフィルター（P.32参照）を使って、目的のテンプレートを探します。

＜テンプレート画面＞

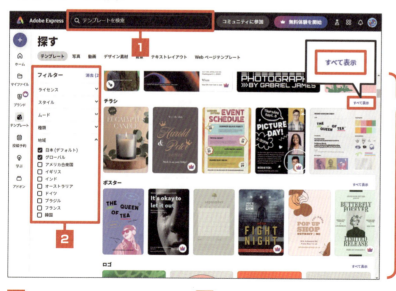

テンプレートの一覧
テンプレートが、「チラシ」や「ポスター」などのカテゴリーごとに表示されます。

カテゴリー名の右側にある「すべて表示」をクリックすると、そのカテゴリーのテンプレートが一覧で表示されます。

1 検索ボックス
入力したキーワードで、テンプレートを検索することができます。

2 フィルター
スタイルやムードなど、好みに合わせてテンプレートを絞り込むことができます。

テンプレートを検索する

テンプレート画面の上部にある検索ボックスを使うと、キーワードでテンプレートを検索することができます。

❶ 「テンプレート」をクリック

❷ 検索ボックスにキーワードを入力して「Enter」キーを押す

キーワードに関連するテンプレートが表示されます。

POINT｜テンプレートを検索するときのコツ

キーワードは「作りたいもの　作る内容」で検索

テンプレートを検索する際は、「チラシ　マーケット」のように「作りたいもの」と「作る内容」をキーワードにして検索するのがおすすめです。

作りたいもの（制作物の種類など）　作る内容

フィルターでテンプレートを絞り込む

テンプレート画面に左側にある「フィルター」を使うと、ライセンスやスタイルなどの条件を指定してテンプレートを絞り込むことができます。

① **フィルターの項目を開く**
「ライセンス」「スタイル」「ムード」などの項目名をクリックすると、その項目に含まれるフィルター名が表示されます。

② **フィルター名をクリックしてチェックを入れる**

フィルターは、複数の項目にチェックを入れることも可能です。

📝 **MEMO** | 無料プランで使えるテンプレートに絞り込む

「ライセンス」の項目にある「無料」にチェックを入れると、無料プランで利用できるテンプレートだけに絞り込むことができます。

テンプレートを開く

使用するテンプレートが決まったら、サムネイルをクリックしてテンプレートを開き、編集作業に進みます。

❶ 利用するテンプレートのサムネイルをクリック

❷「このテンプレートを使用」をクリック

テンプレートの編集画面が表示されます。

テンプレートのサイズについて

海外のテンプレートを使うときはサイズに注意！

Adobe Expressのテンプレートには、海外の人が作成したものが含まれています。そのため、名刺やはがきなどは、日本の規定とは異なるサイズになっている場合があります。
日本と海外とで既定のサイズが異なるテンプレートを使うときは、編集前にサイズを確認しておきましょう。

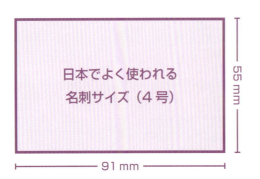

テンプレートのサイズは、編集画面の上部にある「サイズ変更」をクリックすると確認できます。

※ 無料で行えるのはサイズの確認のみです。サイズ変更の機能を使うためには、プレミアムプランにする必要があります。

📝 MEMO ｜ 日本のテンプレートに絞り込む

フィルターの「地域」の項目のチェックを「日本（デフォルト）」のみにすると、日本のテンプレートだけを表示することができます。
※ フィルターについてはP.32参照

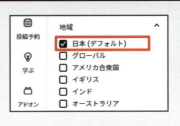

📝 MEMO ｜ 編集画面でテンプレートを探す

テンプレートは、編集画面でも探すことができます。
テンプレートを開いた後に、別のテンプレートを新たに編集したい場合などは、ここからテンプレートを検索しましょう。

❶「テンプレート」を
クリック

❷ 検索ボックスにキーワードを入力して「Enter」キーを押す

❸ 使用するテンプレートをクリック

❹「新規ファイル作成」をクリック

※「ページとして追加」をクリックすると、編集中のテンプレートの最後のページに追加されます。

※ 元のテンプレートが未編集の場合はこの画面は表示されず、❸でクリックしたテンプレートに置き換わります。

選択したテンプレートの編集画面が新しいタブで表示されます

3 名刺を作る

以下の完成見本を参考に、名刺を作成しましょう。

準備
① 素材テンプレート「02_素材」を開きましょう。（P.5参照）
② 素材テンプレートのファイル名を「02_名刺」に変更しましょう。（P.16参照）

> 今回は、本書での練習のために用意した素材テンプレートから名刺を作成します。
> 実際に作成するときは、ご自身で検索したテンプレート（P.31）を利用しましょう。

完成見本

ここでは、P.28～P.29の事前確認が完了し、デザインの方向性が以下のようなイメージに決まったものと仮定して作業を進めます。

＜デザインの方向性＞
- シンプルで読みやすい
- 海を意識したさわやかなデザイン

02_名刺

■ 背景に画像を設定する

名刺に設定されている緑色の背景を、「波」の画像に変更します。

❶ 「素材」をクリック

❷ 「背景」をクリック

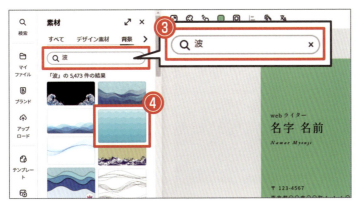

❸ キーワードを入力して「Enter」キーを押す

ここでは、「波」と入力して「Enter」キーを押します。

❹ 検索結果を確認し、背景をクリック

背景が変更されます。

■ 文字とアイコンの色を変更する

テキストボックスとアイコンを複数選択し、まとめて色を変更します。

❶ **テキストボックスとアイコンを複数選択**

背景以外のすべてのオブジェクトを選択します。

※ 複数選択の方法については
　 P.40 参照

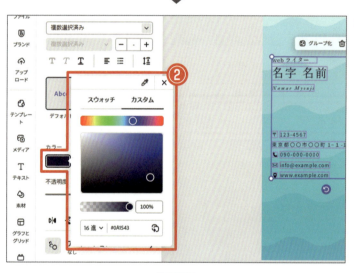

❷ **色を変更**

背景の色に合わせて、紺色を設定します。

※ 色の設定方法については P.19 参照

文字とアイコンの色が変更されます。

📝 MEMO ｜ 文字のデザインを変更する方法

文字のデザインは、テキストボックスを選択すると左側に表示されるプロパティを使って設定します。

1 フォントの種類

▼をクリックし、プルダウンメニューからフォントの種類を選択します。

2 文字の太さ（フォントファミリー）

▼をクリックし、プルダウンメニューから文字の太さを選択します。

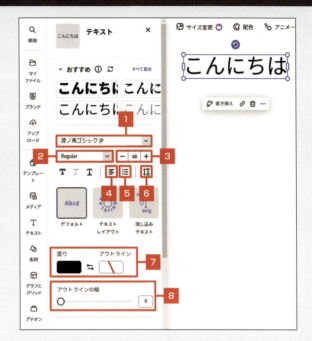

3 文字のサイズ

「＋」や「－」をクリック、または数値を指定し、文字のサイズを設定します。

4 文字の配置

ボタンをクリックするたびに、文字の配置が「左揃え」「中央揃え」「右揃え」「均等配置」に切り替わります。

5 箇条書き

ボタンをクリックするたびに、箇条書きの設定が「箇条書きリスト」「番号付きリスト」「設定なし」に切り替わります。

6 文字間隔

ボタンをクリックすると表示されるメニューで、文字間隔や行間、段落間隔を設定します。

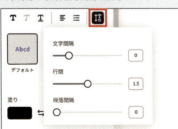

7 文字の色

塗り（文字の色）とアウトライン（文字のふちの色）を設定します。

8 アウトラインの幅

文字のアウトラインの太さを調整します。

POINT | オブジェクトの複数選択

テキストボックスや図形、アイコンなどのオブジェクトは、以下の方法で複数をまとめて選択することができます。

■ オブジェクトの範囲をドラッグ

選択するすべてのオブジェクトに触れるように範囲をドラッグします。

■「Shift」キー＋クリック

「Shift」キーを押しながら、選択したいオブジェクトをクリックします。

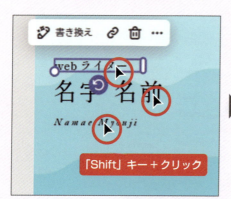

P.38のように、色や大きさなどの設定をまとめて変更したい場合に使うと便利です。

■ 文字を変更する

テキストボックス内の文字を変更します。

文字の変更

① **テキストボックスをダブルクリック**

ここでは「webライター」をダブルクリックします。
テキストボックスをダブルクリックすると、テキストボックス内の文字が編集できるようになります。

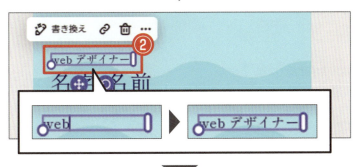

② **文字を編集する**

「ライター」を「Backspace」キーで削除し、「デザイナー」と入力します。

選択の解除

③ **アートボードの外側をダブルクリック**

テキストボックスの選択が解除されます。

同様の操作で、「名字 名前」と「Namae Myouji」を自分（または対象者）の名前に変更しましょう。

POINT | テキストボックスの選択方法について

テキストボックスをクリックすると、テキストボックスそのものが選択された状態になります。
この状態では、文字全体の装飾（色やフォントなどの設定）を行うことはできますが、文字を打ち直したり、文字の一部だけを装飾することはできません。
文字を編集したいときは、テキストボックスをダブルクリックし、テキストボックス内の文字が選択された状態（またはカーソルが表示された状態）にしましょう。

■ **クリック**
　→ テキストボックスそのものが選択される

 ・文字全体の装飾
・テキストボックスの操作
をするときに使う

■ **ダブルクリック**
　→ テキストボックス内の文字が選択される

 ・文字の編集
・文字の一部を装飾
をするときに使う

■ 画像をアップロード（追加）する

ロゴの画像をアップロードして、名刺に追加します。

❶「アップロード」をクリック

❷ 画像を保存している場所を表示

❸ 追加する画像を選択

ここでは「02_名刺ロゴ.png」を選択します。

❹ 「開く」をクリック

ロゴの画像がアートボードに追加されます。

調整

❺ 画像を調整

ここでは、ロゴを右上に移動し、サイズを小さくします。
※ 操作方法は P.23 参照

📝 MEMO | アップロードした画像は「Uploads」フォルダーに保存される

アップロードした画像データは、編集画面の「マイファイル」にある「Uploads」フォルダーに保存されています。他のファイルでも画像を使いたい場合などは、ここから追加しましょう。

❶ 編集画面の「マイファイル」をクリック

❷「Uploads」をクリック

画像のサムネイルをクリックすると、アートボードに追加されます。

Chapter 03 チラシの「表面」を作成しよう

使用する素材

素材テンプレート	・03_素材 ・03_完成見本
素材ファイル	なし

1 チラシを作る前に確認すること

要件（依頼内容）をきちんと理解する

印刷物を作成するときは、目的や要件をきちんと理解することが大切です。
上司等の指示により作成する場合は、依頼内容からずれてしまわないように、「何を記載するのか」「何が重要で何が補足情報か」などを把握したうえで作成に取り掛かりましょう。

要件の確認

今回は、以下の依頼を受けたものと想定してチラシを作成します。

第1回 陶器市のチラシ
概要
サイズ：A4
日時：2024年12月10日（火） 10：00〜17：00
入場料：無料
場所：○○公園
お問い合わせ：000-000-0000
キャッチコピー：器一つで、日常が特別に

当日のイベントスケジュール
10:00 開場
10:30 オープニングセレモニー
11:00 陶芸家によるトークショー
12:00 陶芸制作ワークショップ
13:00 陶器アートコンテスト発表会
14:00 陶器お手入れ方法セミナー
15:00 陶器制作ワークショップ
16:00 抽選会
17:00 閉場

作業を始める前に、依頼内容をメモ帳などに整理しておくのがコツです。

チラシに載せる情報の整理

要件を確認したら、どの情報をどこに載せるかを考えます。
情報の重要度や目的（見た人にどうしてほしいか）に合わせて、チラシの表面、裏面に載せる情報を整理しましょう。

表面 … 相手の興味を引く情報／一番伝えたい情報

チラシの表面は、手に取った人が最初に見る場所です。
相手の興味を引く情報や、一番伝えたい重要な情報などを記載しましょう。

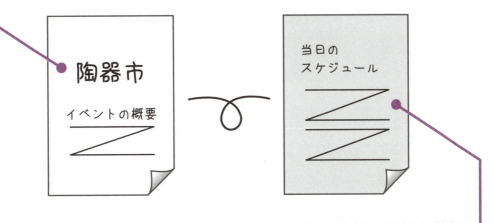

裏面 … さらに興味を引く情報／詳細な情報

チラシの裏面は、表面を見て少し興味を持った人が見る場所です。
さらに興味を引く内容や詳細など、行動に促す情報を記載しましょう。

テンプレートの検索

チラシの内容が決まったら、テンプレートを基にデザイン作りを開始します。
テンプレートは、チラシの内容や雰囲気、または依頼者の要望に合ったものを検索しましょう。

※ 今回は、素材テンプレートからチラシを作成します。（次ページ）

2 チラシのテキストを変更・追加する

ここでは、前セクションの依頼内容をもとに、以下のチラシを作成します。

準備
① 素材テンプレート「03_素材」を開きましょう。(P.5参照)
② 素材テンプレートのファイル名を「03-04_チラシ」に変更しましょう。(P.16参照)
※ 今回作成するファイルは、Chapter04でも使用します。

完成見本

03-04_チラシ

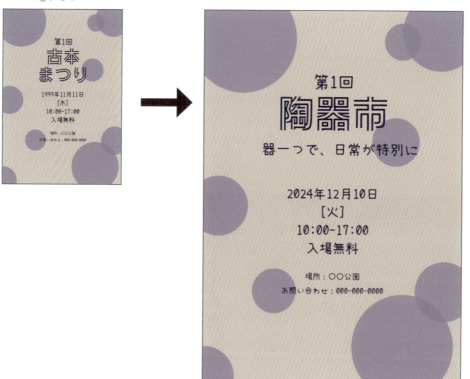

デザインの詳細な設定について
▶ 文字サイズやフォント、色など、詳細な設定については、テンプレート素材「03_完成見本」をご確認ください。

■ テキストを変更する

テンプレートにあるテキストボックス内の文字を、今回作りたいチラシの内容に変更します。
ここでは、「古本まつり」と書かれていたタイトルを「陶器市」に書き替えて、日付を正しいものに変更します。

※ 文字の変更方法については、P.41 参照

■ テキストを追加する

「陶器市」の下に、キャッチコピーを追加します。

テキストボックスの追加

❶ 「テキスト」をクリック

❷ 「テキストを追加」を
クリック

テキストボックスの移動

❸ テキストボックスを選択

キャンバスの外側を1回クリックすると、文字の選択が解除され、テキストボックス自体が選択された状態になります。

❹ テキストボックスをドラッグ

文字の変更／調整

❺ 文字を変更する

「ここにテキストを入力」を「器一つで、日常が特別に」に変更します。

❻ 配置を調整

「陶器市」と中央のラインが揃うように配置します。

■ 文字をグループ化する

すべての文字をグループ化します。

❶ グループ化するテキストボックスを複数選択

※ オブジェクトを複数選択する方法については P.40 参照

❷ 「グループ化」をクリック

選択中のテキストボックスがすべてグループ化されます。

POINT｜グループ化とは

グループ化とは、複数のオブジェクトをまとめて、1つのオブジェクトのように扱う機能です。グループ化されたオブジェクトは、⊞をクリックするだけですべてを選択できるため、移動や設定の変更をまとめて行うことができます。

＜グループ化されたオブジェクトの選択方法＞

❶ グループ化されたオブジェクトのいずれかをクリック

クリックしたオブジェクトが個別に選択されます。

❷ ⊞をクリック

グループ全体が選択されます。

> **MEMO｜グループ化を解除する方法**
>
> グループ全体を選択し、上部の「グループ解除」をクリックすると、グループ化を解除することができます。

文字のデザインについて

文字のデザインは、「サイズ」「フォントの種類」「太さ」「文字間隔」などの要素で構成されており、それぞれをどのように設定するかで印象が大きく変わります。
以下は、各設定を「人の声」に例えたものです。文字の印象を考える際の参考にしましょう。

● **文字のサイズ … 声の大きさ**

| 大きな声 | こんにちは | こんにちは | 小さな声 |

● **フォントの種類 … 口調・声の雰囲気**

| かたい | こんにちは | こんにちは | やわらかい |

● **文字の太さ … 声のトーン**

| 低い声 | こんにちは | こんにちは | 高い声 |

● **文字の間隔 … テンポ**

| ゆっくり | こ ん に ち は | こんにちは | 早口 |

POINT | フォントの種類はデザインの方向性に合わせて選ぶ

フォントの種類は、全体のデザインに影響する要素です。
以下を参考に、作成したいデザインの方向性に合わせて選ぶようにしましょう。

フォントの形	与える印象	フォントの例　※かっこ内はフォント名
太く均一なフォント	「安心」「安全」	**ABC** (M+ 1c)
細く整ったフォント	「やさしい」「清潔」	ABC (AB-lineboard_bold)♛
筆記体・デザイン書体	「スタイリッシュ」「独創的」	*ABC* (Allura)
太く空白の少ないフォント	「力強い」「重厚」	**ABC** (Dela Gothic One)

MEMO | ♛マークのついたフォントは有料フォント

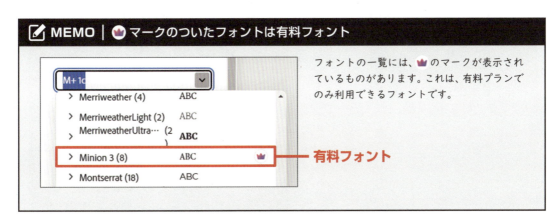

フォントの一覧には、♛のマークが表示されているものがあります。これは、有料プランでのみ利用できるフォントです。

有料フォント

MEMO | フォントを検索する

フォントのボックスにフォント名を入力すると、フォントを検索することができます。
使いたいフォントが一覧から見つからないときは、フォントを検索してみましょう。

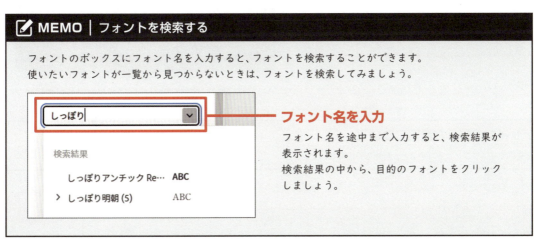

フォント名を入力

フォント名を途中まで入力すると、検索結果が表示されます。
検索結果の中から、目的のフォントをクリックしましょう。

3 チラシの要素を配置する

ここでは、前セクションで作成したチラシに、イラストや QR コード等を追加します。

完成見本

03-04_チラシ

デザインの詳細な設定について

▶ 文字サイズやフォント、色など、詳細な設定については、テンプレート素材「03_完成見本」をご確認ください。

■ 背景を変更する

チラシの背景を「クラフト紙」の画像に変更します。

キーワード「クラフト紙」で背景画像を検索し、アートボードに反映させます。
※ 背景の変更方法については、P.37 参照

■ 不要な要素を削除する

まわりに配置された円の図形をすべて削除します。

❶ 円の図形をすべて選択
　※ オブジェクトを複数選択する方法
　　についてはP.40 参照

❷ 「Backspace」キーを押す

■ デザイン素材を追加する

「デザイン素材」の機能を使って、陶器のイラストを追加します。

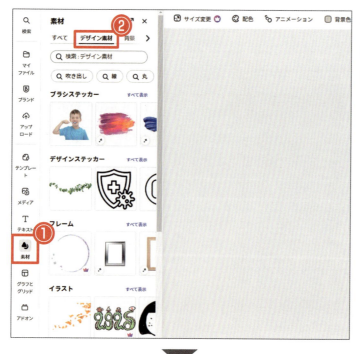

デザイン素材の追加

❶「素材」をクリック
❷「デザイン素材」をクリック

③ **キーワードを入力して「Enter」キーを押す**

ここでは、「陶器　青」と入力して「Enter」キーを押します。

④ **検索結果を確認し、追加するアイコンをクリック**

デザイン素材が追加されます。

同様の操作で他のデザイン素材を追加し、右のように配置しましょう。

■ オブジェクトを背景になじませる

追加した陶器のイラストを、「描画モード」を使って背景になじませます。

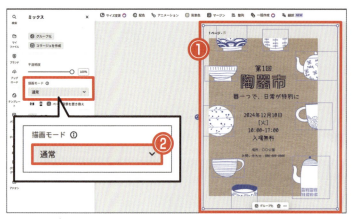

① 画像を選択
ここでは、陶器のイラストをすべて選択します。

②「描画モード」の「通常」をクリック

③ 描画モードを選択
ここでは、「乗算」を選択します。

陶器のイラストが透明になり、背景になじみます。

💡 POINT | 描画モードとは

描画モードとは、重なったレイヤーの色の見え方を設定する機能です。不透明度を調整（次ページ参照）した場合とよく似ていますが、重なっている色の見え方が以下のように変わります。

「通常」

「透明度50%」

重なった色を混ぜたような色になる

「乗算」

色が重なった部分は、背景の色と比較して暗い色を優先して表示する

陶器の白い部分：背景よりも明るいので背景の色が優先される

陶器の青い部分：背景よりも暗いので青が優先される

「スクリーン」

色が重なった部分は、背景の色と比較して明るい色を優先して表示する

陶器の白い部分：背景よりも明るいので白が優先される

陶器の青い部分：背景よりも暗いので背景の色が優先される

少し仕組みが難しい機能ですが、ここでは **「乗算にすると自然な形で背景になじむ」** とだけ覚えておけばOKです！

■ 図形を追加する

文字をはっきりと表示するために、白い半透明の図形を文字の背面に配置します。

※ 操作方法については下記参照
・図形の追加 … P.24
・色の変更 … P.19
・重なり順の変更 … P.25
・透明度の変更 … 次ページ

59

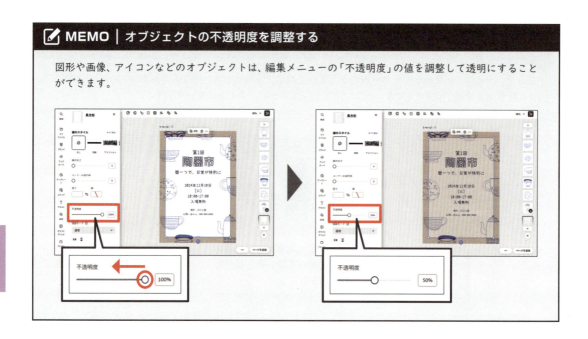

■ QRコードを追加する

チラシの下部に、QRコードを追加します。

準備 QRコードは、ホーム画面から作成します。をクリックしてホーム画面を表示しておきましょう。

QRコードの作成

❶ ホーム画面を表示

❷ 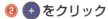 をクリック

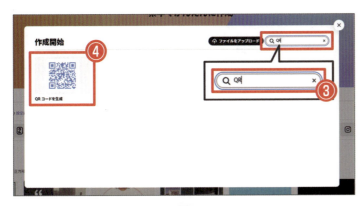

❸ 検索ボックスに「QR」と入力

❹ 「QRコードを生成」をクリック

❺ URLを入力

ここでは、練習用に以下のURLを入力します。

https://www.hello-pc.net/

❻ 「スタイル」をクリック

❼ スタイルを指定

スタイルとは、QRコードのデザインのことです。
ここでは、以下のように指定します。

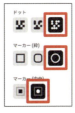

❽ 「カラー」をクリック

❾ カラーを指定

ここでは、紺色を指定します。

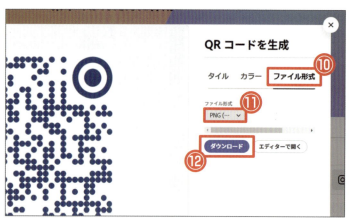

⑩ 「ファイル形式」をクリック

⑪ ファイル形式を指定

クリックするとファイル形式が表示されます。
ここでは、「PNG（画像向け）」を指定します。

⑫ 「ダウンロード」をクリック

QRコードの画像がパソコンにダウンロードされます。

⑬ ⊗をクリックして画面を閉じる

QRコードの追加

⑭ QRコードを追加するファイルを開く

ここでは、作成したチラシのファイルを開きます。

⑮ QRコードの画像を追加

※ 画像の追加方法については P.42 参照

文字の位置を適宜調整し、チラシの下部にバランスよく配置しましょう。

Chapter 04 チラシの「裏面」を作成しよう

使用する素材

素材テンプレート	・04_チラシ裏 ・04_完成見本
素材ファイル	なし

1 チラシの裏面を作る

チラシの2ページ目に裏面を作ろう

今回は、Chapter03で作成したチラシの2ページ目に、裏面となるイベントスケジュールを作成します。
複数ページの扱い方に触れながら、作業を進めましょう。

準備
① 素材テンプレート「04_チラシ裏」を開きましょう。(P.5参照)
② 素材テンプレートのファイル名を「04_チラシ裏」に変更しましょう。(P.16参照)
　※「04_チラシ裏」と名前を付けたら、ホーム画面を表示し、マイファイルに「04_チラシ裏」が保存されていることを確認してください。
③ Chapter03で作成したファイル「03-04_チラシ」を開きましょう。

完成見本

03-04_チラシ

1ページ目

2ページ目

今回は、「04_チラシ裏」を「03-04_チラシ」の2ページ目に追加して、イベントスケジュールを作成します。

デザインの詳細な設定について
▶ 文字サイズやフォント、色など、詳細な設定については、テンプレート素材「04_完成見本」をご確認ください。

■ 他のファイルからページを追加する

作業中のファイルには、他のファイルにあるデザイン（ページ）を追加することができます。
ここでは、「04_チラシ裏」にあるイベントスケジュールのページを、Chapter03で作成した「03-04_チラシ」の2ページ目に追加します。

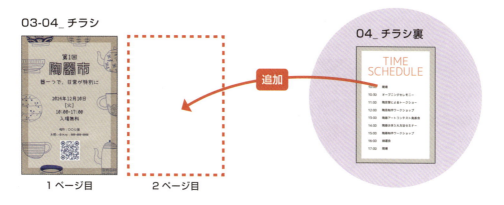

他のファイルをページとして追加

❶「マイファイル」をクリック

❷ 追加するファイルをクリック

ここでは「04_チラシ裏」をクリックします。
※ サムネイルにマウスポインターを合わせると、ファイル名が表示されます。

❸「ページとして追加」をクリック

すべてのページが表示された画面になり、2ページ目が追加されます。

❹ ×をクリック

すべてのページが表示された画面を閉じます。

📝 MEMO｜すべてのページを表示

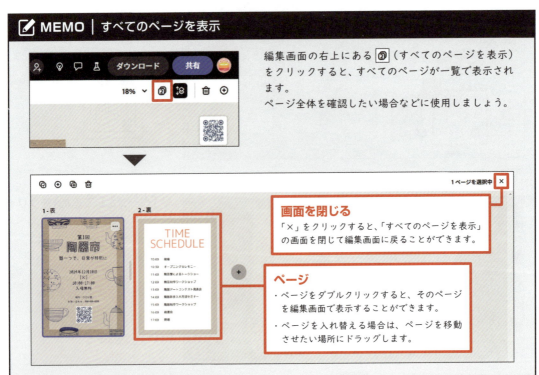

編集画面の右上にある 🗐（すべてのページを表示）をクリックすると、すべてのページが一覧で表示されます。
ページ全体を確認したい場合などに使用しましょう。

画面を閉じる
「×」をクリックすると、「すべてのページを表示」の画面を閉じて編集画面に戻ることができます。

ページ
・ページをダブルクリックすると、そのページを編集画面で表示することができます。
・ページを入れ替える場合は、ページを移動させたい場所にドラッグします。

POINT | 複数ページの操作方法（チラシなどの場合）

複数ページがある場合、ページの切り替えや追加などは以下の方法で行います。

> テンプレートの種類や Adobe Express のバージョンによっては、以下の方法でページ操作が行えない場合があります。
> その際は次ページの方法で操作してください。

■ ページの追加／複製

ページの追加や複製は画面右上の「＋」をクリックして行います。

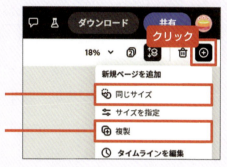

同じサイズの新規ページを追加します。

画面に表示されているページを複製します。

■ ページの切り替え

アートボードの左右にある「＜」「＞」をクリックすると、ページを切り替えることができます。

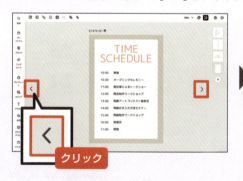

■ ページの削除

画面右上の 🗑 をクリックすると、現在表示されているページを削除することができます。

POINT｜複数ページの操作方法（プレゼンテーションなどの場合）

テンプレートの種類や Adobe Express のバージョンによっては、以下のように編集画面下部のページメニューを使ってページ操作を行う場合があります。

■ ページメニューを表示する／隠す

ページメニューは、画面右下のボタンで表示／非表示を切り替えます。

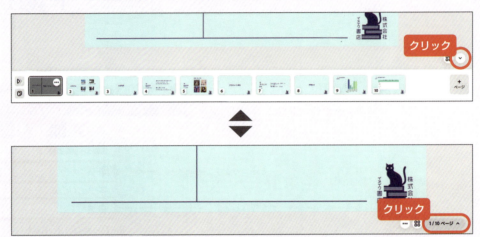

■ ページの切り替え

ページメニューにあるサムネイルをクリックすると、ページを切り替えることができます。

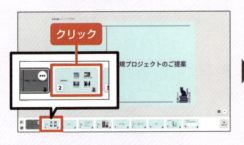

■ ページの挿入／複製／削除

ページの挿入や複製、削除はページメニューのサムネイルにある⋯をクリックして行います。
※⋯は、サムネイルを選択すると表示されます。

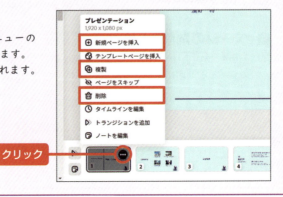

■ 表面の要素を裏面にコピー&ペーストする

デザインに統一感を出すために、表面にあるイラストを裏面にコピー&ペーストします。

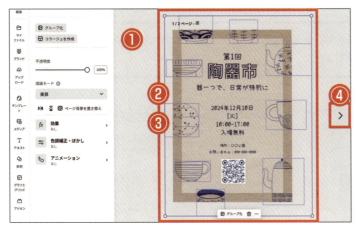

① 1ページ目を表示

② コピーするオブジェクトを選択
ここでは、陶器のイラストをすべて選択します。

③ 「Ctrl」+「C」キーを押す
※ Macの場合は「command」+「C」キーを押してください。

④ 2ページ目を表示

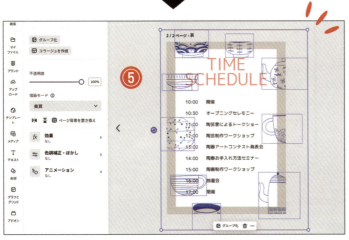

⑤ 「Ctrl」+「V」キーを押す
※ Macの場合は「command」+「V」キーを押してください。

コピーしたイラストが、1ページ目と同じ位置にペーストされます。

ペーストしたイラストをグループ化し、最背面に移動しましょう。

※ グループ化については P.50 参照
※ 重なり順の変更については P.25 参照

■ オブジェクトをロックする

ロックとは、オブジェクトを固定する機能です。
ここでは、最背面に配置した陶器のイラストをロックします。

これ以上動かさないものは、作業中に誤って動かしてしまわないようにロックをかけておきましょう。

❶ **オブジェクトを選択**
ここでは、グループ化した陶器のイラストを選択します。

❷ **[…]をクリック**

❸ **「ロック」をクリック**

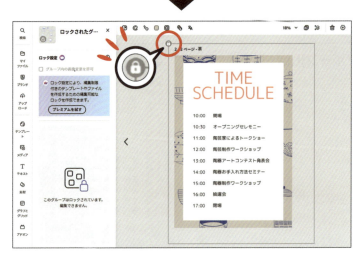

オブジェクトがロックされ、🔒のマークが表示されます。

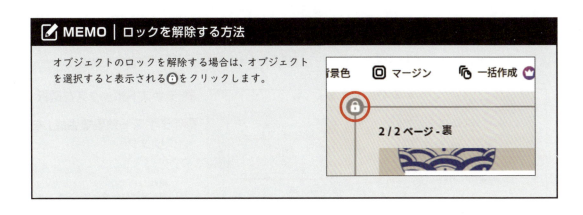

> **MEMO** ロックを解除する方法
>
> オブジェクトのロックを解除する場合は、オブジェクトを選択すると表示される🔒をクリックします。

■ フォントと図形のデザインを表面に合わせる

裏面（2ページ目）で使用しているフォントと図形の設定を変更し、表面のデザインと合わせましょう。

❶ **不透明度を変更**
・不透明度：90％

❷ **フォントとサイズを変更**
・フォント：トレインOne
・サイズ：70

❸ **フォントを変更**
・フォント：瀬戸フォント–SP

■ テキスト効果を設定する

2ページ目のタイトルにテキスト効果を設定し、インパクトをつけます。

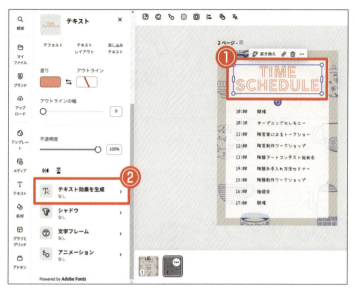

❶ テキストボックスを選択

❷「テキスト効果を生成」をクリック

※「アドビアプリでの生成AIの使用について」というメッセージが表示された場合は「同意する」をクリックしてください。

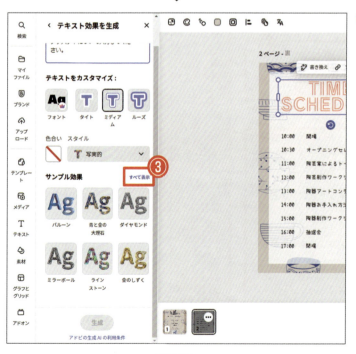

❸「サンプル効果」の「すべて表示」をクリック

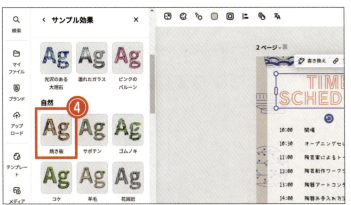

❹ 効果を選択

ここでは、「焼き板」を選択します。

POINT｜テキスト効果

「テキスト効果」は、文字を様々なデザインで装飾する機能です。
特定の文字を強く印象付けたい場合などに使用しましょう。

＜テキスト効果の設定例＞

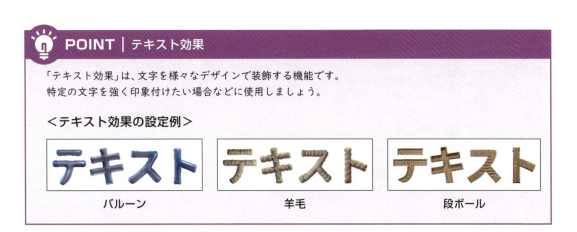

バルーン　　　羊毛　　　段ボール

■ 表面の背景を裏面にコピー&ペーストする

デザインに統一感を出すために、表面にある背景を裏面にコピー&ペーストします。

❶ 1ページ目を表示

❷ 背景を選択

他のオブジェクトと重なっていない部分をクリックします。

※ アートボード上で選択しずらい場合は、レイヤーから選択しましょう。

❸ 「Ctrl」+「C」キーを押す

※ Macの場合は「command」+「C」キーを押してください。

❹ 2ページ目を表示

❺ 「Ctrl」+「V」キーを押す

※ Macの場合は「command」+「V」キーを押してください。

2 図形を繰り返し配置する

同じ要素をたくさん配置するときのテクニック！

デザインをする際、同じオブジェクトをたくさん配置することがよくあります。このとき、オブジェクトを1つずつコピー＆ペーストするのは非常に面倒です。
ここでは、こういったたくさんのオブジェクトを効率よく複製してきれいに配置するテクニックをご紹介します。

● テクニック1：「Alt」＋ドラッグ※ でオブジェクトを複製して配置

「Alt」キーを押しながらオブジェクトをドラッグすると、オブジェクトを効率よく複製することができます。

※ Mac の場合…「option」＋ドラッグ

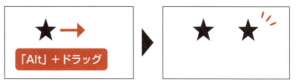

● テクニック2：「Ctrl」＋「D」※で「複製して配置」を繰り返す

「Ctrl」キーを押しながら「D」キーを押すと、「テクニック1」で行った操作を繰り返すことができます。
これにより、たくさんのオブジェクトを複製して均等に配置することができます。

※ Mac の場合…「commmand」＋「D」

①の移動距離と同じ位置に
複製される

以降は「Ctrl」＋「D」キーを押す
たびに複製が繰り返されます。

今回は、このテクニックを使って
チラシの裏面を仕上げていきます。

| 準備 | 「03-04_チラシ」の2ページ目を表示しておきましょう。 |

完成見本

03-04_チラシ

2ページ目

2ページ目

時間とスケジュールの間に、前ページのテクニックを使って区切り線を作ります。

デザインの詳細な設定について

▶ 文字サイズやフォント、色など、詳細な設定については、テンプレート素材「04_完成見本」をご確認ください。

■ 線を追加する

時間とスケジュールの間に線を配置します。

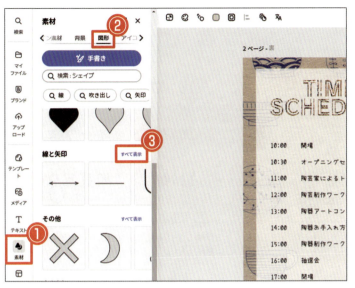

線の追加

❶ 「素材」をクリック

❷ 「図形」をクリック

❸ 「線と矢印」の「すべて表示」をクリック

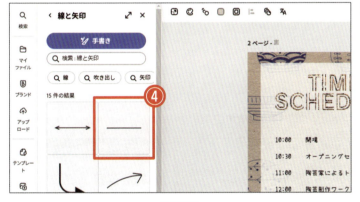

❹ 追加する線をクリック

ここでは、シンプルな直線をクリックします。

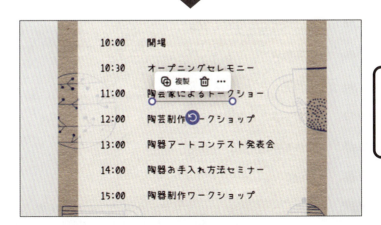

細かい操作になるので、アートボードを適宜拡大しておきましょう。
※ P.18 参照

📝 MEMO | 拡大した画面の表示範囲を調整する方法

「スペース」＋ドラッグ

表示を拡大した編集画面では、「スペース」キーを押しながら画面をドラッグすることで、表示する範囲を調整することができます。

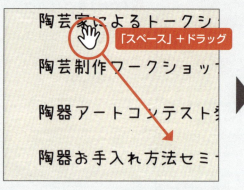

「スペース」キーを押すと、マウスポインターの形が🖐に変わります。その状態で画面をドラッグしましょう。

ドラッグしている間は、マウスポインターの形が◯に変わります。

■ 線を調整する

線のデザインを変更し、時間とスケジュールの間に配置します。

線のデザインを変更

❶ 線を選択

❷ 「線のスタイル」「線の太さ」「線の色」を設定

ここでは、以下のように設定します。
・線のスタイル：アスファルト
・線の太さ：12
・線の色：黒

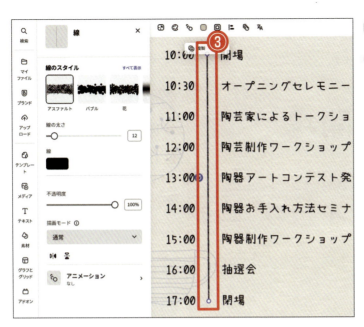

線の配置を調整

❸ 線を回転、移動、サイズ変更して時間とスケジュールの間に配置

※ オブジェクトの操作については P.23 参照

誤って動かさないように、線のオブジェクトをロックしておきましょう。

※ ロックについては P.70 参照

■ 図形を追加する

時間とスケジュールの間に、円の図形を配置します。

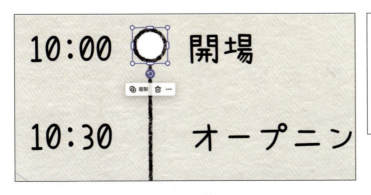

＜設定内容＞
・追加する図形：楕円
・線のスタイル：アスファルト
・サイズと配置を調整
・線の太さ：12
・塗りの色：白
・線の色：黒

■ 図形を複製して並べる

円の図形を下方向に複製し、縦に並べます。

> オブジェクトの複製

① 図形を選択

② 「Alt」キーを押しながらドラッグ

「10：30」と同じ高さの位置までドラッグします。

※ Mac の場合は「option」キーを押しながらドラッグしてください。

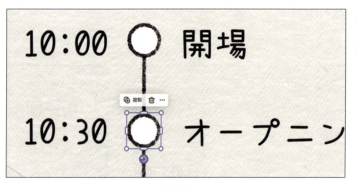

> オブジェクトの複製

③ 「Ctrl」キーを押しながら「D」キーを押す

※ mac の場合は「command」キーを押しながら「D」キーを押してください。

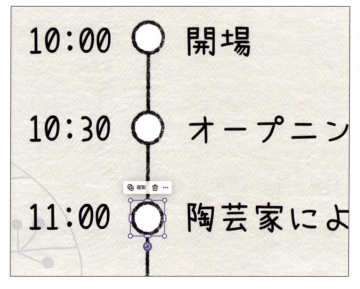

「Ctrl」＋「D」を繰り返して、一番下の時間まで図形を複製しましょう。

※ 操作を繰り返した後、図形と時間の位置が下のようにずれた場合は、適宜配置を調整してください。

3 デザインのダウンロードと印刷

Adobe Expressで作成したデザインは、そのままでは印刷したり、メールに添付したりすることができません。
ダウンロードして自分のパソコン内に保存することで、作成したデザインの活用の幅が広がります。

ダウンロード

デザインのダウンロードは、以下の方法で行います。

オブジェクトの複製

① 「ダウンロード」をクリック

② ダウンロードするページを選択

ここでは「すべてのページ」を選択します。

※「選択したページ」を選択すると、画面に表示しているページだけがダウンロードされます。

③ ファイル形式を選択

ここでは「PNG（画像向け）」を選択します。

※ ファイル形式については次ページ参照

④ 「ダウンロード」をクリック

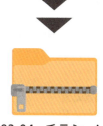

03-04_チラシ.zip

指定した形式でパソコンにダウンロードされます。

※ 複数ページのPNG画像の場合は、zipファイル形式に圧縮された形でダウンロードされます。

POINT | ファイル形式について

ダウンロードメニューの「ファイル形式」の項目では、デザインをどのような形式でダウンロードするかを指定することができます。
作成したものの用途に合った形式でダウンロードしましょう。

PNG
SNSやWeb上で使用する画像に適しています。

JPG
写真など、色数の多い画像に適しています。

PDF規格
パソコン・スマートフォンで閲覧したりメールに添付したりするものに適しています。

PDF印刷
印刷物や、印刷業者へ発注する入稿データに適しています。
（下記参照）

MEMO | 印刷業者に提出する際の設定について

「PDF印刷」を指定し、「内トンボ」と「裁ち落とし」をオンにする

印刷業者で印刷を行う場合、印刷の工程により上下左右が裁断されます。そのため、データには、裁断する部分（裁ち落とし）と、その位置を示す目印（内トンボ）の表記が必要です。
印刷業者にデータを提出するときは、ダウンロードの形式を下のように設定しましょう。

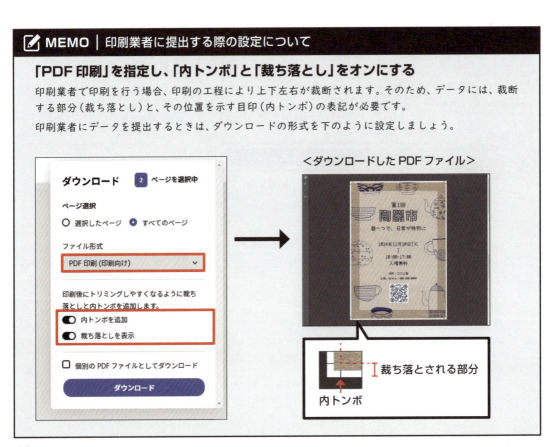

Chapter 05 オンラインMTGの背景を作成しよう

使用する素材

素材テンプレート	・05_素材 ・05_完成見本
素材ファイル	・05_テープ.png ・05_メモ.png

1 オンラインMTGの背景を作る前に確認すること

オンラインMTG（ミーティング）とは、「Zoom」や「Microsoft Teams」といったビデオ会議アプリを利用して、インターネットを介して行う打ち合わせや会議のことです。
オンラインMTGでは、自分の姿をカメラで映し出すと同時に、背景に任意の画像を表示させることができます。Chapter05では、オンラインMTGの背景画像を自分で作成する方法について解説します。

オンラインMTGの背景を自作するメリット

情報漏洩のリスクを回避！
自宅やオフィスでオンラインMTGを行うと、背面にプライバシーに関連するものや機密情報などが写ってしまうリスクがあります。そういったリスクをなくすために、背景画像を設定しておくことは非常に有効です。

自分や自社のアピールに効果的！
オリジナルの背景を作成できると、以下のように背景を自分や会社のアピールの場として活用することができます。

社名やプロフィールを載せる

自社サイトのQRコードを載せる

テンプレートについて

サイズは 1920px × 1080px（16:9）がおすすめ

主要なオンライン MTG アプリ（「Zoom」「Google Meet」「Microsoft Teams」など）では、背景画像のサイズに「1920px × 1080px（16:9）」が推奨されています。
これ以外の比率で作成した画像は、実際にアプリで使用した際に、両端が黒く表示される場合があります。

このサイズのアートボードは、（新規作成）→「zoom」で検索すると表示できますよ！

背景画像を作成する際のポイント

● 大事な情報は端に置かない

アプリの種類やレイアウトによっては、画面の端が切れてしまうことがあります。文字情報などは端に配置しないようにしましょう。

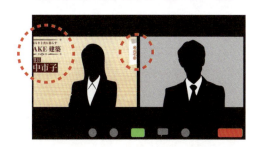

● 人が入るスペースを空ける

背景画像の中央に重要なデザイン要素や文字を入れてしまうと、参加者の顔や体で隠れてしまいます。中央は、なるべく何も配置しないようにしましょう。

● デザインはシンプルにする

要素を多くしすぎると、画面がごちゃごちゃして目が疲れてしまいます。また、小さな画面で表示される場合もあるため、最低限の情報しか読めません。デザインは、なるべくシンプルにするように心がけましょう。

オンラインMTGの背景画像を作成する

今回は、素材テンプレートを基にオンラインMTGの背景画像を作成します。

準備
① 素材テンプレート「05_素材」を開きましょう。(P.5参照)
② 素材テンプレートのファイル名を「05_オンラインMTG」に変更しましょう。(P.16参照)

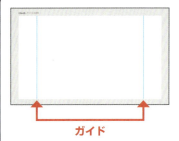

素材テンプレートには、画面が見切れない範囲を示すガイド（青い線）を表示しています。このガイドの内側に配置しておけば、文字などが見切れてしまうことはありません。
今後、ご自分で作成する際は、このガイド付きテンプレートをご活用ください！

■ 背景と画像を追加する

まずは、「木目」の背景を設定し、次のセクションで使う画像データを以下のように配置しておきましょう。

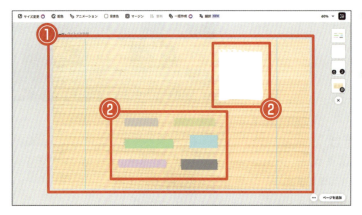

❶ 背景を設定
キーワード「木目」で背景画像を検索し、アートボードに反映させます。

❷ 画像を追加
以下の素材ファイルをアップロードして、左のように配置します。
・「05_テープ.png」
・「05_メモ.png」

メモの画像は、ガイド（青い線）の外側にはみ出ないように配置しましょう。

📝 MEMO | 素材（写真、デザイン素材、背景、アイコン）を「お気に入り」に登録する

Adobe Expressの写真やデザイン素材、背景、アイコンは、「お気に入り」に登録することができます。「お気に入り」に登録した素材は「マイファイル」からいつでも簡単に使用できるため、検索する手間が省けます。
気に入った素材や何度も使用する素材は、「お気に入り」に登録しておきましょう。

＜「お気に入り」に登録する方法＞

❶「お気に入り」に登録する素材にマウスポインターを合わせる

❷ ♡をクリック

お気に入りに登録すると、♡が赤く表示されます。

＜「お気に入り」に登録した素材を使う方法＞

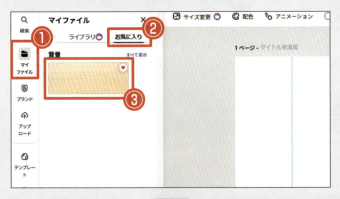

❶「マイファイル」をクリック

❷「お気に入り」をクリック

❸ 追加する素材をクリック

2 テキストとQRコードを配置する

ここでは、前セクションで作成したオンラインMTGの背景画像に、QRコードや社名、名前を追加します。

完成見本

05_オンラインMTG

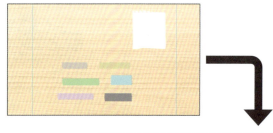

デザインの詳細な設定について
▶ 文字サイズやフォント、色など、詳細な設定については、テンプレート素材「05_完成見本」をご確認ください。

■ QRコードを追加する

メモの画像の前面に、自社サイトに誘導するQRコードを配置します。
※ SNSのプロフィールページなどでも構いません。
　URLが手元にない場合は、右のURLをお使いください。

https://www.hello-pc.net/

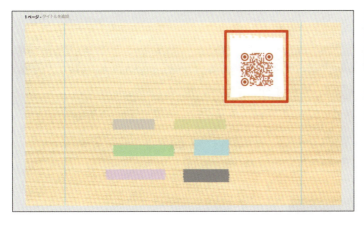

QRコードのカラーは、背景の色に合わせて茶系の色にしましょう。
ドットやマーカーのスタイルは、自由に選んでください。

※ QRコードの作成、追加についてはP.60参照

■ テープの画像を切り抜く

追加したテープの画像には、複数のテープが表示されています。
ここでは、テープの画像を切り抜いて不要な部分を無くし、テープ1つだけの画像にします。

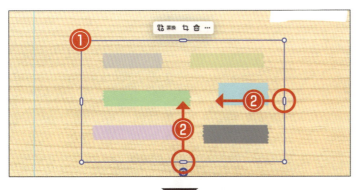

画像の切り抜き

❶ **画像を選択**

❷ **◯をドラッグ**

上下左右にある◯をドラッグし、左上のテープだけが表示されるように範囲を調整します。

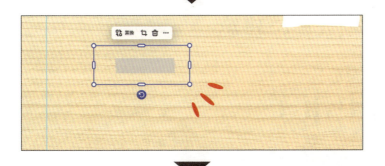

画像の配置

③ **画像の配置を調整**

テープの画像を移動、回転し、メモの画像の前面、上部に配置します。

 POINT | 画像の切り抜き

◯をドラッグして必要な部分だけを切り抜く

写真やデザイン素材などの画像データは、上下左右にある◯をドラッグすると、不要な部分をトリミングして、必要な部分だけを切り抜くことができます。
デザイン素材の中には、前ページのテープのように複数で１つの画像になっているものがあります。その場合は、「切り抜き」を使って必要な素材だけを残しましょう。

■ 文字を追加する

社名や名前などの文字情報を、画面の左上に追加します。
※ ガイドの外側にはみ出さないように配置しましょう。

＜設定内容＞
■ すべて共通
・フォント：しっぽり明朝
・フォントファミリー：ExtraBold
■「木の温もりと共に暮らす（改行）IMAKE 建築」
　・サイズ（木と〜）：30
　・サイズ（IMAKE 〜）：65
　・文字の配置：中央揃え
　・行間：1
■「営業部長」
　・サイズ：45
■「田中市子」
　・サイズ：90

POINT | 文字情報は重要度によってサイズを変える

文字情報は、「大事な情報は大きく」「補足的なものは小さく」というように、重要度によってサイズを変えましょう。
情報が視覚的に整理されていると、どの情報を先に読むべきかが明確になり、視線誘導が行いやすくなります。

大（名前）･･･････最初に伝えたい情報
中（役職や会社名）･･･２番目に伝えたい情報
小（メッセージ）････補足的な情報

■ オブジェクトを整列させる

追加した文字情報を、左側が揃うように整列させます。

❶ 整列するオブジェクトをすべて選択
ここでは、社名、役職、名前のテキストボックスを複数選択します。

❷ 「整列」をクリック

❸ 整列方法を選択
ここでは「左揃え」を選択します。

POINT | オブジェクトの整列

上部のメニューバーにある「整列」機能を使うと、選択したオブジェクトの配置を以下のように整列させることができます。

ᵀᵀ 上揃え
上側を軸に揃えます。

↔ 中央揃え（垂直）
上下中央を軸に揃えます。

⊥ 下揃え
下側を軸に揃えます。

▮ 水平方向に分布
水平方向に均等に配置します。

⊢ 左揃え
左側を軸に揃えます。

✥ 中央揃え（水平）
左右中央を軸に揃えます。

⊣ 右揃え
右側を軸に揃えます。

☰ 垂直方向に分布
垂直方向に均等に配置します。

3 文字フレームを使ってテキストを装飾する

文字フレームとは、文字のまわりに様々な形のフレームを付けて装飾する機能です。ここでは、文字フレームの基本的な設定方法について解説します。

＜文字フレームの設定例＞

文字フレームは、文字の長さに合わせて自動でサイズが調整されます！

文字フレームの設定方法

文字フレームの設定は、テキストボックスを選択し、左側のプロパティにある「文字フレーム」をクリックして行います。

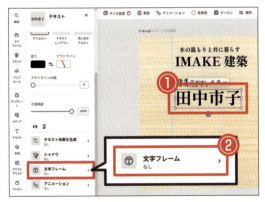

❶ テキストボックスを選択
❷ 「文字フレーム」をクリック

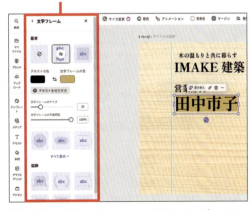

次ページで解説

設定直後は、既定の文字フレームがテキストボックスに反映されます。

93

＜文字フレームの設定メニュー＞

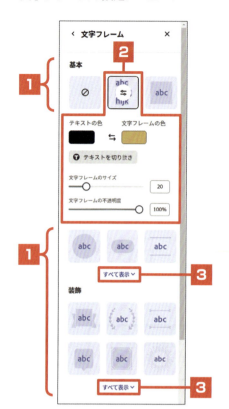

1 文字フレームの種類

様々な文字フレームが、その形状を表すアイコンで表示されます。アイコンをクリックすると、その文字フレームがテキストボックスに反映されます。

2 現在選択されている文字フレーム

選択中の文字フレームには、アイコンに の マークが表示されます。このマークをクリックすると、詳細設定メニューの表示／非表示を切り替えることができます。

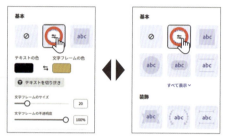

※ 文字フレームの詳細設定については下記参照

3 文字フレームをすべて表示する

「すべて表示」をクリックすると、画面に表示されていないその他の文字フレームがすべて表示されます。

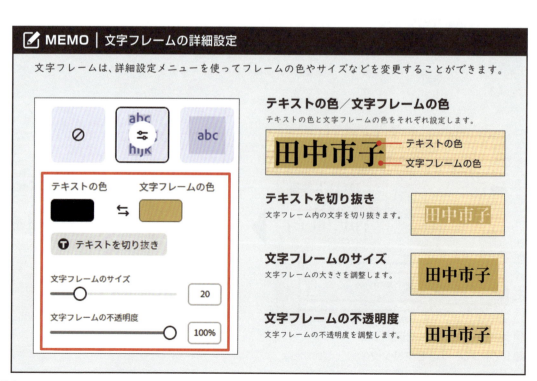

オンライン MTG の背景画像を仕上げる

前セクションで作成したオンライン MTG の背景画像に「文字フレーム」を設定し、デザインを仕上げましょう。

完成見本

■ 文字フレームを設定する

社名や名前などの文字情報を、文字フレームを使って装飾します。

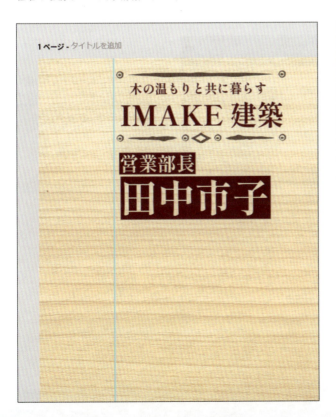

＜設定内容＞

■「木の温もりと～ IMAKE 建築」
- 文字フレーム：

- テキストの色：赤茶色
- フレームの色：こげ茶色
- 文字フレームのサイズ：20
- 文字フレームの不透明度：70%

■「営業部長」「田中市子」
- 文字フレーム：

- フレームの色：赤茶色
  ※「木の温もりと～」のテキストと同じ色
- テキストを切り抜き
- 文字フレームのサイズ：35
- 文字フレームの不透明度：100%

■ ガイドの線を削除する

素材テンプレートに設定されていたガイド（青い線）のロックを解除し、削除します。

※ オブジェクトのロックを解除する方法については、P.71 参照

今後、素材テンプレートを利用する際も、最後に必ずガイドを削除してください。

■ PNG 形式でダウンロードする

作成した背景画像を実際にオンライン MTG で使用するには、画像形式でダウンロードしておく必要があります。ここでは、「PNG」形式でダウンロードします。

※ デザインのダウンロードついては、P.81 参照

※ ダウンロードした画像を背景画像として設定する方法は、各オンライン MTG アプリのマニュアルなどを参照してください。

Chapter 06 ビジネスで使える スライドショーを 作成しよう

使用する素材

素材テンプレート	・06_素材 ・06_完成見本
素材ファイル	・06_スライドロゴ.png

1 見やすいスライドショーを作るためのコツ

ビジネスでは、プロジェクトの提案や業績の報告、商品説明など、プレゼンテーションを行う機会が多くあります。
ここでは、プレゼンテーションに使用する「スライドショー」を作成する際のポイントについて確認します。

スライドショーを作成するときのポイント

スライドを文字だらけにしない
自分が口頭で説明する内容すべてをスライドに記載する必要はありません。スライドには、伝えたいことの要点だけを記載するようにしましょう。

「図」や「写真」で視覚的に伝えたり、「表」や「グラフ」を使ってデータに説得力をもたせたりするなど、文字だらけにならない工夫をしましょう。

スライドショーの構成について

全体像から順に考える
スライドを作成するときは、事前に「どんな内容を」「どの順番で」載せるかを考え、次ページのようなシートに内容をまとめておきましょう。
また、内容を考える際は、Step.1～Step.4のように「大まかな全体像」から順に考えるのがおすすめです。

＜スライドショーの構成シートの例＞

	Step.1 タイトル	Step.2 見出し (伝えたいこと)	Step.3 ストーリー (話す内容)	Step.4 要点 (スライドに載せる内容)
1.	社会背景	猫文化の普及と人気の高まり	猫は古くから人間の暮らしに深く関わり、多くの文化や歴史にその足跡を残してきました。猫は日々の生活だけでなく、アートや文学、デザインのインスピレーションの源でもあります。例えば、日本の浮世絵には猫が描かれることが多く、西洋文学でも猫は重要なキャラクターとして登場することがあります。	・猫は古くから人間の暮らしに深く関わってきた ・アートや文学、デザインのインスピレーションの源 ・日本の浮世絵には猫が描かれることが多い
		文化的交流の重要性		
2.	プロジェクト提案	キャッチコピー		
3.	市場分析	「猫」関連書籍の売上		
		「猫」関連書籍の分類別売上		
4.	ターゲット	メインターゲット		
		サブターゲット		

Step.1：大まかな目次とタイトルを決める
全体を通して話したいことを大まかに分類し、各項目のタイトルを考えましょう。

Step.2：各項目で伝えることを決める
各項目で何を伝えるかを決めます。これが、スライドに載せる見出しになります。

Step.3：具体的なストーリーを考える
Step.2で決めた見出しに対して、具体的なストーリーを考えます。これがプレゼンテーションの際に口頭で話す内容になります。

Step.4：要点をまとめる
Step.3で考えたストーリーの要点を抜き出して、箇条書きなどでまとめます。これが、スライドに記載する内容になります。

---

1. 社会背景

| 猫文化の普及と人気の高まり | 文化的交流の重要性 |

猫は古くから人間の暮らしに深く関わり、多くの文化や歴史にその足跡を残してきました。
猫は日々の生活だけでなく、アートや文学、デザインのインスピレーションの源でもあります。
例えば、日本の浮世絵には猫が描かれることが多く、西洋文学でも猫は重要なキャラクターとして登場することがあります。

・猫は古くから人間の暮らしに深く関わってきた
・アートや文学、デザインのインスピレーションの源
・日本の浮世絵には猫が描かれることが多い

デザインの4大原則について

「デザインの4大原則」とは、効果的なデザインを作成するための基本的なルールです。
「近接」「整列」「反復」「対比」の4つのルールで構成されており、これらに基づいて作成することで、デザインの要素が整理され、情報をわかりやすく伝えることができるようになります。

1. 「近接」
2. 「整列」
3. 「反復」
4. 「対比」

1.「近接」… 関連する要素を近づける

「近接」は、関連する要素同士を近づけて配置するという原則です。
例えば、1つの画面で複数の商品を説明する場合、左の図のようにすべての写真と説明文が同じ間隔で並んでいると、何がどれを説明しているのか瞬時に読み取ることができません。
このとき、各商品の写真と説明文を近づけ、商品と商品の間に余白をとることで、情報の関連性がひと目で伝わるデザインになります。

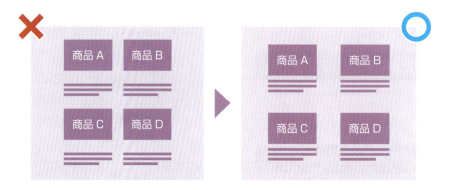

2.「整列」… 要素の配置を揃える

「整列」は、文字通り要素をきれいに整列させるという原則です。
要素の配置やサイズを一定のルールで揃えることで、全体を見やすく仕上げることができます。

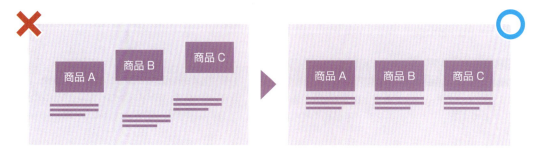

3.「反復」… 同じ要素を繰り返して統一感を持たせる

「反復」は、同じアイコンや色などを繰り返し使うことで、デザインに統一感を持たせます。
例えばスライドショーのように複数ページにわたる場合、各ページの同じ場所に同じ企業ロゴを配置することで、どのページにいても同じ企業のものであることを認識することができます。

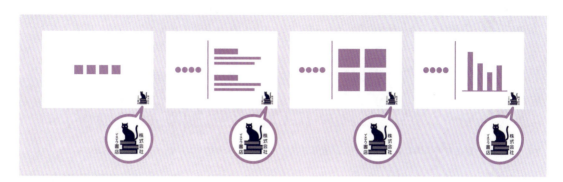

4.「対比」… 要素に強弱を付けて優先度を明確にする

「対比」は、要素に強弱を付けることで、各情報の重要度を視覚的に明確にします。
例えば左のように、すべての情報を同じ大きさで配置すると、一番伝えたい重要な情報が相手の目に留まりにくくなり、印象に残りません。
そういった場合に、一番伝えたい情報を大きく、補足的な情報を小さくすることで、情報の優先度が直感的に伝わるようになります。

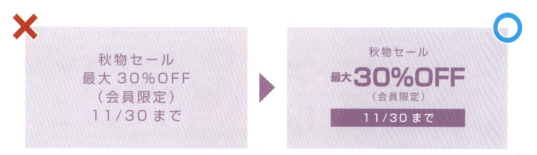

次ページからは、この「デザインの4大原則」に基づいて、プレゼンテーション用のスライドをわかりやすく仕上げていきます。

スライドショーを作成する

「デザインの4大原則」に基づいて、スライドショーを仕上げていきます。

準備
① 素材テンプレート「06_素材」を開きましょう。(P.5参照)
② 素材テンプレートのファイル名を「06_スライド」に変更しましょう。(P.16参照)

■ 各ページの同じ場所にロゴを追加する【反復】

すべてのページの右下に同じロゴマークを配置し、スライド全体のデザインに統一感を持たせます。

画像の追加

❶ **1ページ目を表示**

❷ **画像を追加**
以下の素材ファイルをアップロードして、左のように配置します。
・「06_スライドロゴ.png」

画像を各ページにコピー&ペースト

❸ **画像をコピー**
画像を選択し、「Ctrl」+「C」キーを押します。
※ Macの場合:「command」+「C」キー

❹ **次のページを表示**

❺ **画像をペースト**
「Ctrl」+「V」キーを押します。
※ Macの場合:「command」+「V」キー

> 📝 **MEMO | 同じ位置にペーストされる**
>
> 上記のように、同じサイズのアートボード間でコピー&ペーストすると、同じ位置にオブジェクトが配置されます。

前ページの手順❹〜❺と同様の操作で、ロゴマークをすべてのページにコピー&ペーストしましょう。

■ 関連する要素を近づける【近接】

2ページ目では、写真とテキスト配置が離れていて、関連性がわかりにくくなっています。
それぞれの写真とテキストを近づけて、関連性のわかりやすいデザインに作り変えましょう。

＜2ページ目＞

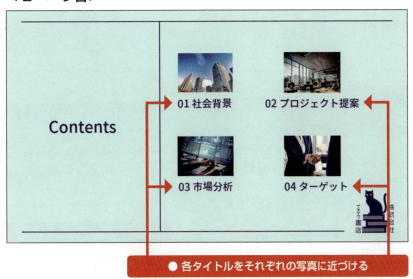

● 各タイトルをそれぞれの写真に近づける

103

■ オブジェクトの配置を整える【整列】

4ページ目では、文字情報がバラバラに配置されているため、読みづらくなっています。
オブジェクトの配置を整えて、読みやすいデザインに作り変えましょう。

＜4ページ目＞

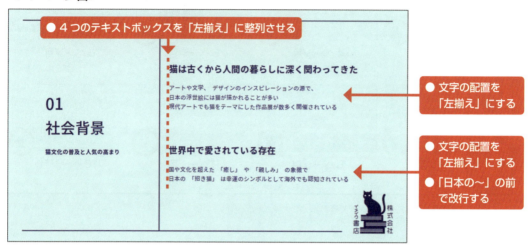

※ オブジェクトの整列についてはP.91参照
※ 文字の配置についてはP.39参照

■ 情報に強弱をつける【対比】

7ページ目では、すべての情報が同じデザインで作られているため、重要度が曖昧になっています。
情報に強弱を付けて、重要度を明確にしましょう。

＜7ページ目＞

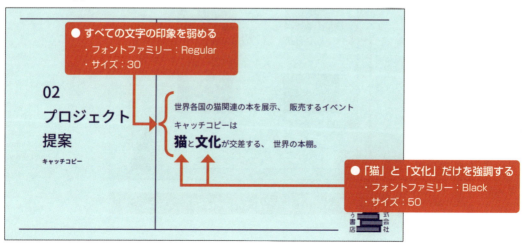

グラフと表を作成する

文章で伝えにくい情報は「グラフ」や「表」で表現！

グラフや表は、視覚的に情報を伝える上で非常に有効です。
数値の大小をグラフで表現したり、複雑な情報を表で整理したりと、文章ではわかりづらい情報をひと目で伝えることができます。
ここでは、グラフや表の基本的な使い方について解説します。

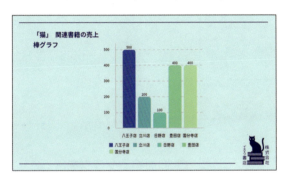

グラフを追加する

「06_スライド」の9ページ目に、店舗別の売上を示す棒グラフを追加します。

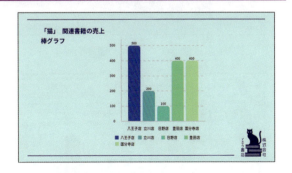

準備　「06_スライド」の9ページ目を表示しましょう。

■ グラフを追加する

棒グラフを追加します。

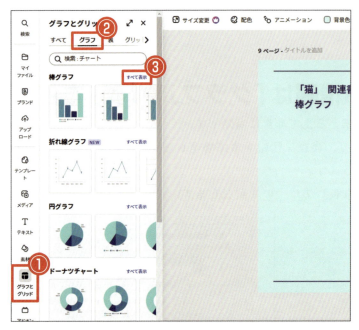

❶「グラフとグリッド」を
クリック

❷「グラフ」をクリック

❸ グラフの種類を確認し、
「すべて表示」をクリック

ここでは「棒グラフ」を表示します。

❹ 追加するグラフを
クリック

ここでは左上のグラフを
クリックします。

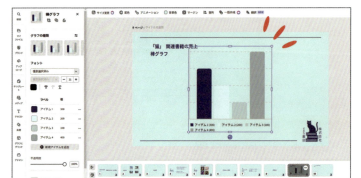

グラフが追加されます。

■ グラフのデータを編集する

左側のプロパティにデータを入力し、棒グラフにデータを反映させます。

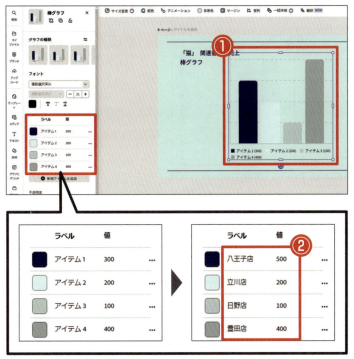

❶ グラフを選択

❷ データを入力

ここでは次のように入力します。

ラベル	値
八王子店	500
立川店	200
日野店	100
豊田店	400

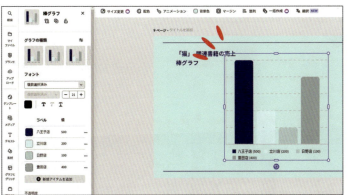

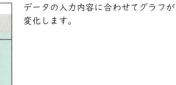

データの入力内容に合わせてグラフが変化します。

■ グラフのデータ（項目）を追加する

グラフの項目を追加し、「国分寺店」のデータを入力します。

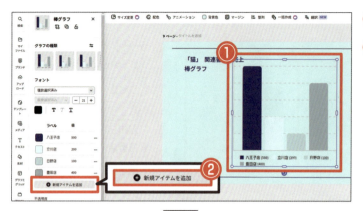

① グラフを選択

② 「新規アイテムを追加」を
クリック

③ データを入力

ここでは、ラベルに「国分寺店」と入力します。

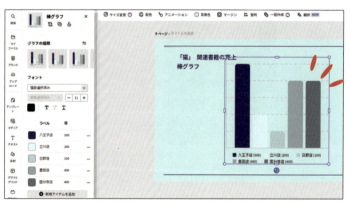

グラフに新しい項目が追加されます。

■ グラフの色を変更する

グラフの各項目の棒の色をそれぞれ変更します。

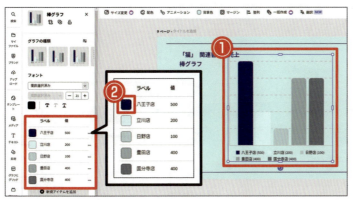

❶ グラフを選択

❷ 色を変更する項目の□をクリック

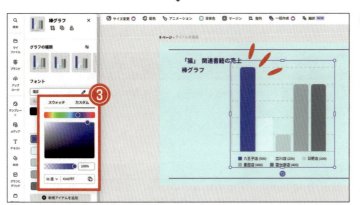

❸ 色を設定

ここでは、明るい青系の色に設定します。

手順❷～❸と同様の操作で、すべてのグラフの色を青～緑系の色に変更しましょう。

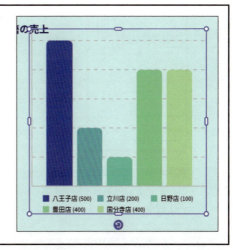

■ グラフの配置を調整する

グラフのサイズと位置を調整し、下のように配置します。

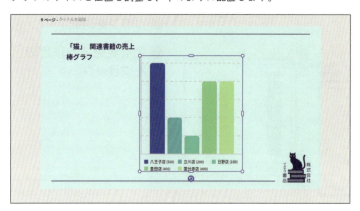

グラフのサイズ変更や移動は、図形の操作と同じです。

> **MEMO** | グラフの表示内容を変更する
>
> 「グラフの種類」の項目内にある □ ボタンをクリックすると、グラフの凡例やラベルの表示／非表示、グラフの形などを変更することができます。
>
> ＜例：棒グラフの場合＞
>
> ※ 表示される内容は、グラフの種類によって異なります。
>
>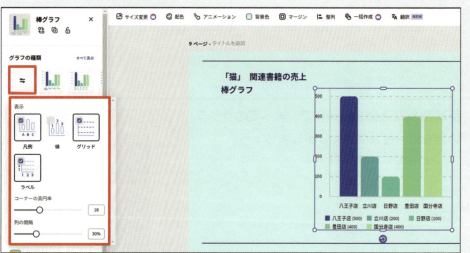
>
> ・表示 ・・・・・・・・・・ 「凡例」「値」「グリッド」「ラベル」の表示／非表示を、クリックで切り替えます。
>
> ・コーナーの真円率 ・・・ グラフの角の丸みを調整します。
>
> ・列の間隔 ・・・・・・・・ グラフ同士の間隔を調整します。

表を追加する

「06_スライド」の10ページ目に、ジャンル別売上データの表を追加します。

準備 「06_スライド」の10ページ目を表示しましょう。

■ 表を追加する

表を追加します。

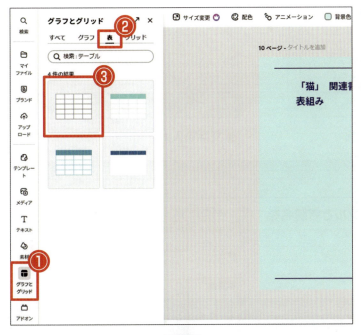

❶「グラフとグリッド」をクリック

❷「表」をクリック

❸ 追加する表をクリック
　ここでは、左上の表をクリックします。

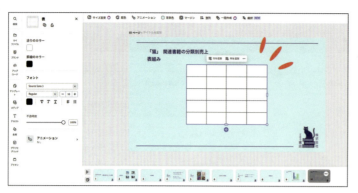

空白の表が追加されます。

■ 表に文字を入力する

表に、本のジャンルと店舗名を入力します。

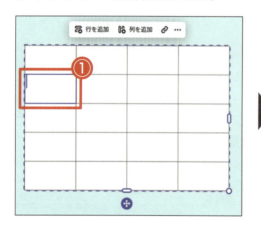

❶ 文字を入力するセルを選択

セルが選択された状態になり、セル内にカーソルが表示されます。

❷ 文字を入力

右のように、残りのジャンルと店舗名を入力しましょう。

	八王子店	立川店	日野店
絵本			
写真集			
エッセイ			
文学			

■ 列や行を追加する

表の右側に2列追加し、「豊田店」と「国分寺店」のデータを入力します。

❶ セルをクリック

列は、選択したセルの右側に追加されます。
ここでは表の右側に列を追加するために、一番右端のセルをクリックして選択します。

❷ 「列を追加」をクリック

※ 行を追加する場合は「行を追加」をクリックします。

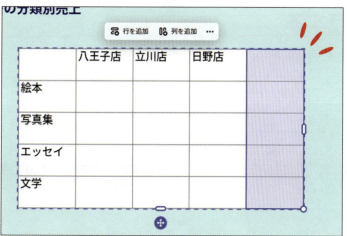

選択したセルの右側に列が追加されます。
※ 行の場合はセルの下に追加されます。

表の右側に列を追加し、「豊田店」と「国分寺店」のデータを入力しましょう。

> **✎ MEMO** | 列や行を削除する
>
> 列を削除する場合は、削除する列にあるセルを選択し、… ボタンから「列を削除」をクリックします。
> ※ 行を削除する場合も同様です。
>
>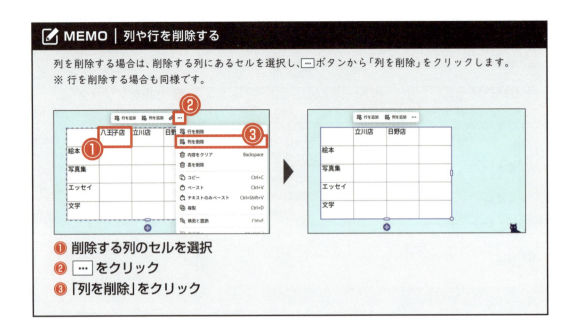
>
> ❶ 削除する列のセルを選択
> ❷ … をクリック
> ❸ 「列を削除」をクリック

■ セルの色を変更する

1行目のセルの色を、明るい青緑に変更します。

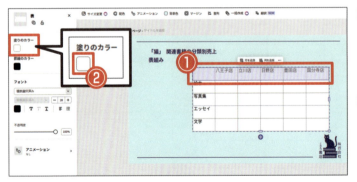

❶ **色を変更するセルを選択**
ここでは、1行目のセルをすべて選択します。
※ セルを複数選択する方法については次ページ参照

❷ **「塗りのカラー」の□をクリック**

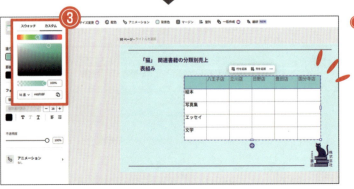

❸ **色を設定**
ここでは、明るい青緑系の色に設定します。

114

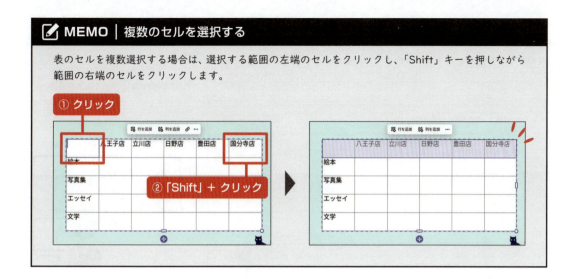

■ 罫線の色を変更する

罫線の色を青色に変更します。

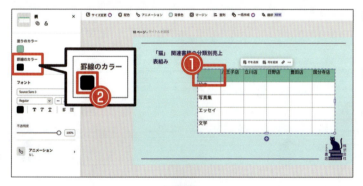

❶ **表内のセルを選択**
※ どのセルを選択しても構いません。

❷ **「罫線のカラー」の□をクリック**

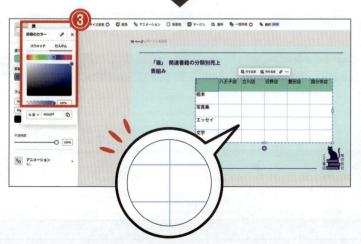

❸ **色を設定**
ここでは、青系の色に設定します。

罫線の場合は、1つセルを選択するだけで表全体の罫線の色が変更されます。

■ 表の配置を調整する

表のサイズを調整し、スライドの中央に移動します。

※ 表の移動方法については下記参照

表のサイズ変更は、図形の操作と同じです。

📝 MEMO │ 表を移動する

図形の移動と同じ感覚で表をドラッグすると、表内のセルが選択されてしまいます。表を移動する場合は、表をクリックし、下部に表示される ✥ をドラッグしましょう。

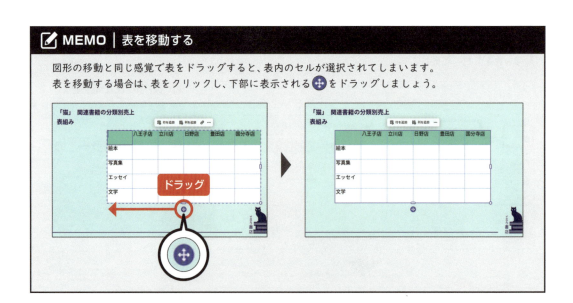

📝 MEMO │ 列の幅や行の高さを調整する

列の幅や行の高さは、罫線をドラッグすることで調整できます。

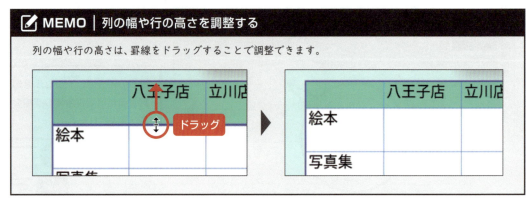

3 スライドショーの再生と配布

ここでは、スライドショーを使ってプレゼンテーションを行う際に使える機能について解説します。

全画面表示

スライドショーの実際の見え方を確認

プレゼンテーションでは、スライドショーが画面いっぱいに表示されます。作成時の編集画面とは印象が変わって見える場合があるので、事前に「全画面表示」でスライドの見え方を確認しておきましょう。

■ **スライドを全画面で表示する**

❶「全画面表示」をクリック

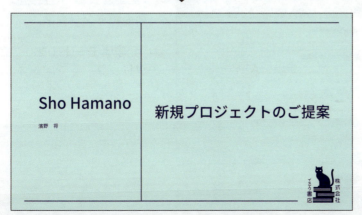

<全画面表示の操作方法>

・ページの切り替え
　…「→」「←」キーを押す

キーボードの「→」キーを押すと次のページに、「←」キーを押すと前のページに画面を切り替えることができます。

・全画面表示の終了
　…「Esc」キーを押す

キーボードの「Esc」キーを押すと、全画面表示を終了することができます。

発表者モード

自分用と参加者用の 2 つの画面を表示する

発表者モードとは、プレゼンテーションが行いやすいように、発表者（自分）が見る画面と参加者が見る画面を分けて表示する機能です。

参加者ウィンドウ

発表者ウィンドウ
発表者用のウィンドウには、話す内容などを記載した「発表者ノート」が表示されます。
※「発表者ノート」については P.121 参照

■ スライドを発表者モードで表示する

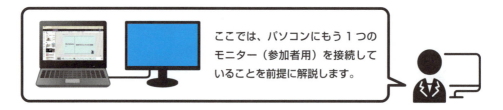

ここでは、パソコンにもう 1 つのモニター（参加者用）を接続していることを前提に解説します。

❶「全画面表示」の右側にある▼をクリック

❷「発表者モード」をクリック

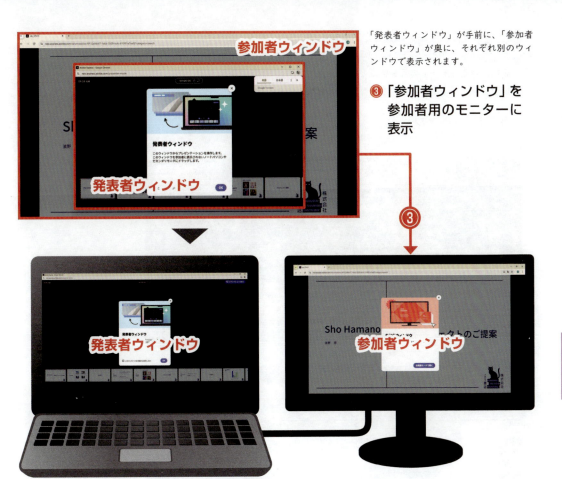

「発表者ウィンドウ」が手前に、「参加者ウィンドウ」が奥に、それぞれ別のウィンドウで表示されます。

❸「参加者ウィンドウ」を参加者用のモニターに表示

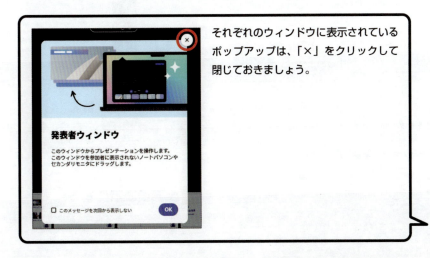

それぞれのウィンドウに表示されているポップアップは、「×」をクリックして閉じておきましょう。

■ 発表者モードを操作する

下記は、発表者モードの画面構成と操作方法です。
プレゼンテーションをイメージしながら、実際に操作してみましょう。

＜発表者ウィンドウ＞

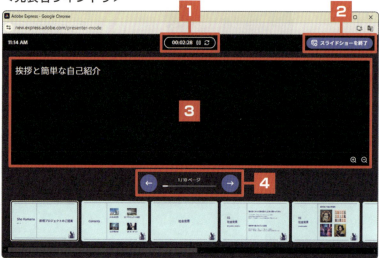

＜参加者ウィンドウ＞

1 タイム
🕐 をクリックするとタイマーが開始し、経過時間が表示されます。

2 スライドショーを終了
クリックすると、発表者ウィンドウを閉じて編集画面に戻ります。

3 発表者ノート
発表者ノートに記載した内容が表示されます。
右下の「＋」「－」をクリックすると、表示を拡大／縮小できます。
※ 発表者ノートについては次ページ参照

4 ページの切り替え
→ をクリックすると次のページに、← をクリックすると前のページに切り替わります。
ページの切り替えは、参加者ウィンドウにも反映されます。

5 全画面表示にする
参加者ウィンドウを全画面表示に切り替えます。
※ 全画面表示については P.117 参照

発表者ノート

発表者だけが見るノートを事前に用意しておく

発表者ノートは、プレゼンテーションで話す内容やメモ書きなどをまとめておく機能です。

発表者ノートに記載した内容は、プレゼンテーションの際に「発表者ウィンドウ」に表示されます。

■ 発表者ノートを作成する

ここでは、「06_スライド」の1ページ目に発表者ノートを入力します。

❶ 発表者ノートを入力するページを表示

❷ をクリック

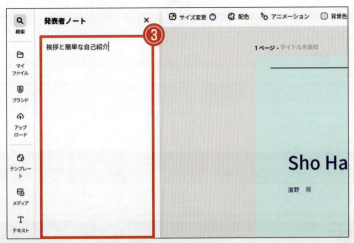

❸ 発表者ノートの内容を入力

ここでは「挨拶と簡単な自己紹介」と入力します。

ここに入力した内容が、「発表者ウィンドウ」(P.120)に表示されます。

表示専用リンク

スライドをオンラインで共有する

プレゼンテーションでは、スライドの内容を参加者に配布することがよくあります。その際に便利なのが「表示専用リンク」を用いた共有です。

「表示専用リンク」とは、ファイルの閲覧だけができるページへのリンクを作成する機能です。発行されたリンクを参加者にメールなどで送ることで、参加者はそのリンクからファイルにアクセスできるようになります。

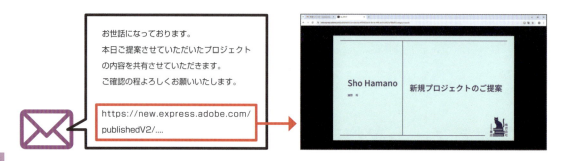

■「表示専用リンク」を作成する

❶「共有」をクリック

❷「表示専用リンク」をクリック

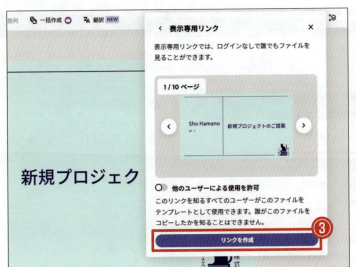

❸「リンクを作成」をクリック

「他のユーザーによる使用を許可」をオンにすると、外部に流出するリスクが高くなります。社外の人に共有する際は、オフの状態でリンクを作成しましょう。

リンクが作成されます。

❹「リンクをコピー」をクリック

リンクのURLがクリップボードにコピーされます。

❺ メールなどにリンクを貼り付けて、共有する相手に送信

📝 MEMO | リンクを削除する

ファイルの共有を解除したい場合は、以下の方法でリンクを削除しましょう。
リンクを削除すると、参加者に共有したリンクは無効になり、ファイルにアクセスできなくなります。

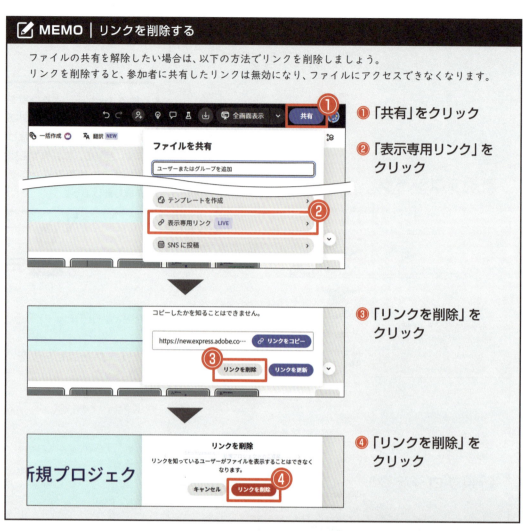

❶「共有」をクリック

❷「表示専用リンク」をクリック

❸「リンクを削除」をクリック

❹「リンクを削除」をクリック

📝 MEMO | 印刷して配布したい場合はPDF形式でダウンロード

スライドを印刷して配布したい場合は、「PDF規格(ドキュメント向け)」の形式でダウンロードしましょう。

※ スライドの編集画面では、ダウンロードボタンが ⬇ と表記されます。

※ ダウンロードの方法についてはP.81参照

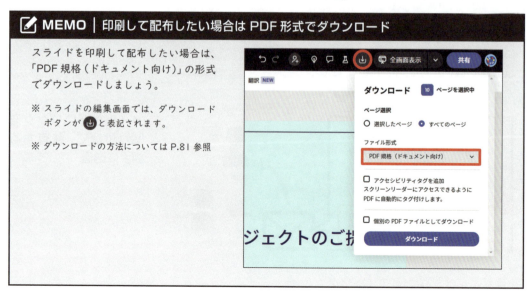

商品宣伝用の
SNS画像を作成しよう

使用する素材

素材テンプレート	・07_素材 ・07_完成見本
素材ファイル	・07_担々麺.jpg

1 プレミアムプランについて

仕事で使うならプレミアムプランがおすすめ

Adobe Express をプレミアムプランに切り替えると、利用できる機能がぐっと広がり、「作業効率」と「クオリティー」が格段にアップします。
仕事で Adobe Express を使うなら、プレミアムプランが断然おすすめです。

★ 高品質なデザインで競合に差をつける

数万点におよぶプレミアムテンプレートやストック素材、フォントなどが利用できるため、作成できるデザインの幅が広がり、他者との差別化が可能になります。

★ 時間とコストを大幅に削減

最新の AI 機能を存分に利用できるため、手作業を減らし、デザイン制作にかかる時間を削減することができます。

★ ブランドの一貫性を保つ

ブランドロゴやカラー、フォントなどを設定できる「ブランド機能」が利用できます。これにより、ブランドイメージを統一し、プロフェッショナルで信頼性の高いデザイン制作が可能になります。

＜プレミアムプランでできることの例＞

👑マークのついた素材の利用	プレミアムプラン限定のテンプレートや写真素材、フォントなどが利用できるようになります。
ブランド機能の利用	コーポレートカラーや特定のフォントなどのデザイン要素を登録する機能です。企業内でデザインを統一する場合などに役立ちます。
様々な種類の SNS への投稿予約	SNS への投稿スケジュールを管理する機能です。プレミアムプランにすると、連携できる SNS の数が増えます。
ストレージの容量がアップ	プレミアムプランにすると、利用できるストレージの容量が 5GB → 100GB にアップします。
生成クレジットの数がアップ	プレミアムプランにすると、利用できる生成クレジットの数が 25 → 250 にアップします。

※ 2024 年 12 月現在

POINT │ 生成クレジットとは

生成クレジットとは、AIを利用した作業（画像生成など）を行うために必要なポイントのことです。クレジット数は毎月リセットされ、翌月に新しいクレジットが付与されます。

プレミアムプランにするとクレジット数が大幅にアップ！
AI機能が気軽に使えるようになるため、作業の時間短縮につながります！

※ 2024年12月現在

プレミアムプランに切り替える方法

プレミアムプランには、以下の方法で切り替えます。

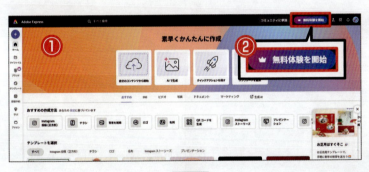

① ホーム画面を表示
② 「無料体験を開始」をクリック

③ 「30日間の無料体験を開始」をクリック

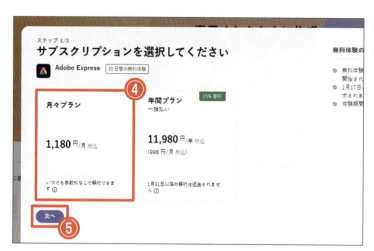

④ プランを選択

⑤ 「次へ」をクリック

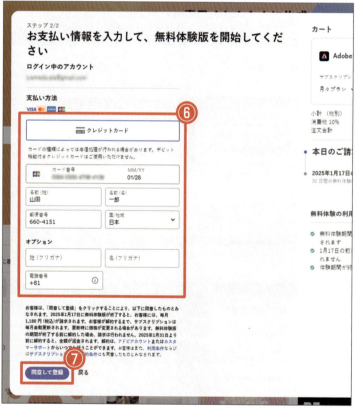

⑥ 支払い情報を入力

⑦ 「同意して登録」をクリック

最初の30日間は無料体験のため、料金は発生しません。
ただし、**30日以内に解約しないと自動的に請求が開始**されるので注意しましょう。
※ 例：11月30日に登録した場合…12月29日までに解約すると料金は発生しません。

プレミアムプランを体験する

ここでは、プレミアムプランならではの機能を体験します。

準備
① 素材テンプレート「07_素材」を開きましょう。(P.5 参照)
② 素材テンプレートのファイル名を「07_プレミアム」に変更しましょう。(P.16 参照)

■ プレミアムプランのフォントを使う

👑マークのついたフォントを使ってみましょう。

ここでは、「jellyfish」の文字に「ヒラギノ角ゴ ProN」を設定します。

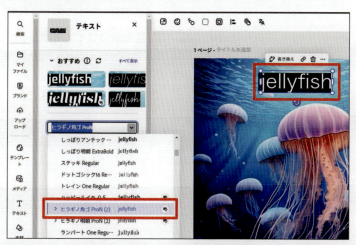

プレミアムプランでは、👑マークが以下のように表示されます。

■ アートボードのサイズを変更する

「サイズ変更」は、プレミアムプラン特有の機能です。
アートボードのサイズを、あとから変更することができます。

正方形で作成したデザインを
「Instagram のストーリーズ」サイズに変更

アートボードのサイズを変更するだけでなく、文字や画像などのレイアウトも自動で調整してくれるため、非常に便利です！

❶「サイズ変更」をクリック

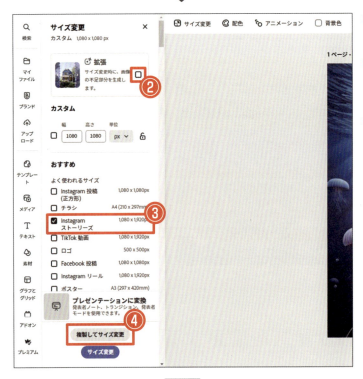

❷「拡張」のチェックを外す
※「拡張」については次ページ参照

❸ 変更後のサイズを指定
ここでは「Instagram ストーリーズ」にチェックを入れます。

❹「複製してサイズ変更」をクリック

・「複製してサイズ変更」：
サイズ変更後のデザインが次のページに追加されます。

・「サイズ変更」：
元のデザインのサイズが変更されます。

すべてのページが表示された画面になり、2ページ目にサイズ変更後のデザインが追加されます。

❺「×」をクリック
すべてのページが表示された画面を閉じます。

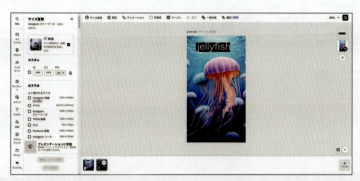

編集画面に戻り、追加された新しいサイズのページが表示されます。

MEMO｜サイズ変更時の「拡張」について

サイズ変更の設定を行う際に、「拡張」にチェックを入れておくと、AIが画像の足りない部分を補ってサイズを変更してくれます。

拡張してサイズ変更

画像の足りない部分をAIが判断し、自然な形で拡張します。

拡張せずにサイズ変更

アートボードに合わせて、画像の左右（または上下）を切り取って処理します。

2 白紙からSNS画像を作成する

Chapter07 ～ Chapter10 では、SNS の投稿に使う画像の作り方について確認します。
SNS は、今やビジネスにおいて欠かせないマーケティングツールです。SNS を活用することで、商品・サービスの認知度向上や顧客との直接的なコミュニケーションが可能になり、売上や顧客満足度の向上に寄与します。
ポイントを押さえて、顧客に刺さる効果的な SNS 画像を作成できるようになりましょう。

SNS 画像を作成する際のポイント

記載する情報を絞る

SNS の画像は、スマートフォンなどの小さな画面で閲覧されます。そのため、多くの情報を記載すると、読みにくくなってしまいます。
SNS 画像を作成する際は、事前に伝えたい内容をしっかりと精査して、優先度の高い情報や効果的なキーワードだけを記載するようにしましょう。

詳細は、投稿の本文に記載すれば OK！
画像にはユーザーの気を引く重要なキーワードだけを載せましょう！

白紙から SNS 画像を作る

ここでは、ラーメン屋さんの新メニューを告知する SNS 画像を作成します。
作成する画像の要件は、以下の通りです。

＜記載する内容＞
商品名　‥‥　ピリ辛！担々麺
販売期間　‥‥　11月1日〜3月31日
価格　‥‥‥　800円（税込）

＜デザインの方向性＞
・商品写真を前面に押し出す
・辛さをアピールできるように、赤を
　メインカラーとして使用する

＜商品写真＞
07_担々麺.jpg

完成見本

今回は、白紙のファイルを新規作成して、イチから画像を作成します。

■ ファイルを新規作成する

「Instagram 投稿（正方形）」のファイルを新規作成します。

❶ ➕ をクリック

❷ カテゴリーを選択
ここでは「SNS」を選択します。

❸ ファイルの種類をクリック
ここでは「Instagram 投稿（正方形）」をクリックします。

❹ ファイル名を変更
ここでは「07_sns」というファイル名に変更します。

■ 背景を追加する

辛さを表現するために、「炎」の背景素材を追加します。

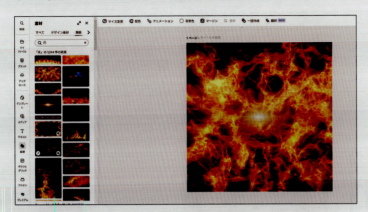

キーワード「炎」で背景画像を検索し、アートボードに反映させます。
※ 背景の変更方法については、P.37 参照

■ 文字を追加する

文字を追加します。配置は後ほど調整するため、おおまかな位置で構いません。

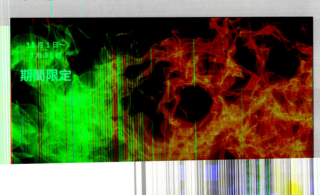

＜設定内容＞
■「11月1日～（改行）3月31日」
・サイズ：18
・フォント：ハッピールイカ 05
・塗りの色：白
・文字の配置：中央揃え

■「期間限定」
・サイズ：35
・フォント：ハッピールイカ 05
・塗りの色：白

■「800円（税込）」
・サイズ：800円…45／（税込）…30
・フォント：ハッピールイカ 05
・塗りの色：白
・アウトラインの色：黒
・アウトラインの幅：80

■「ピリ辛！担々麺」（「!」は半角）
・サイズ：45

■ テキストレイアウトを設定する

今回のデザインでは、担々麺の写真を中央に大きく配置します。
ここでは、丼を囲う形で商品名を配置するために、「テキストレイアウト」という機能を使って文字の形を変形させます。

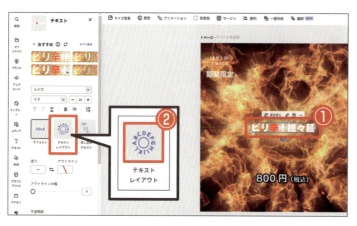

① テキストボックスを選択

②「テキストレイアウト」を
クリック

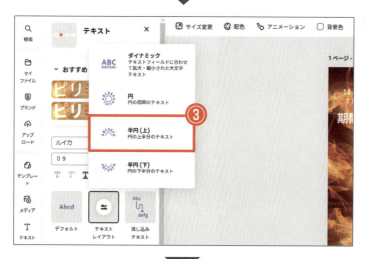

③ テキストレイアウトの
種類を選択

ここでは、「半円（上）」を選択します。

文字の形状が変わります。

3 「背景を削除」と「消しゴム」を活用する

ここでは、前セクションで作成した新メニューの告知画像に、商品写真を追加します。ポイントは、「背景の削除」と「消しゴム」という機能を使って写真を丼のみの状態に加工することです。

準備 前セクションで作成した「07_sns」を開いておきましょう。

完成見本

デザインの詳細な設定について
▶ オブジェクトの配置や詳細な設定については、テンプレート素材「07_完成見本」をご確認ください。

📝 MEMO ｜ 削除した背景を元に戻す方法

削除した背景を元の状態に戻したい場合は、画像を選択して（復元）をクリックしましょう。

■ 画像の一部を消しゴムで削除する

前ページで画像の背景を削除しましたが、左上にコップの一部が残っています。この部分を「消しゴム」機能を使って削除します。

❶ 画像を選択

❷ 「消しゴム」をクリック

❸ 「消しゴム」を選択

❹ ブラシの種類を指定
ここでは「クイック選択」を指定します。
・「クイック選択」：
消したい部分をクリックして削除します。
・「円ブラシ」：
消したい部分をドラッグでなぞって削除します。

❺ ブラシのサイズを指定
ここでは「40」にします。

📝 MEMO | 画像を復元する

「消しゴム」のプロパティにある「復元」を使うと、「消しゴム」や「背景の削除」で消した部分を復元することができます。

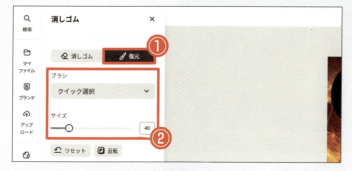

❶「復元」を選択

❷ ブラシの種類とサイズを指定

「復元」を選択すると、画像の削除されている部分が青く表示されます。

❸ 復元する部分をクリック

クリックした部分が写真の色に戻ります。
この状態で「完了」をクリックすると、青い部分だけが削除された状態になります。

■ 全体のレイアウトを整える

右を参考に画像のサイズや配置を調整し、全体のレイアウトを整えましょう。

1 「グリッド」を使った写真配置・素材の切り抜き

ここでは、アウトドア用品店のセールを告知するSNS画像を作成します。

準備
① 素材テンプレート「08_素材」を開きましょう。(P.5参照)
② 素材テンプレートのファイル名を「08_sns」に変更しましょう。(P.16参照)

完成見本

08_sns

グリッドが追加されます。

■ グリッドを背景に設定する

追加したグリッドを、背景に設定します。

① グリッドを選択

②「ページ背景に設定」を
クリック

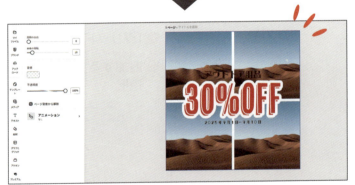

グリッドが背景に設定されます。

POINT | オブジェクトを背景に設定する

画像やグリッドなどを選択すると、プロパティに「ページ背景に設定」というボタンが表示されます。
このボタンをクリックすると、画像やグリッドなどを背景に設定することができます。

※ グリッドを背景に設定しておくと、アートボードのサイズを変更した際に、それに応じてグリッドも最適化されたサイズになります。

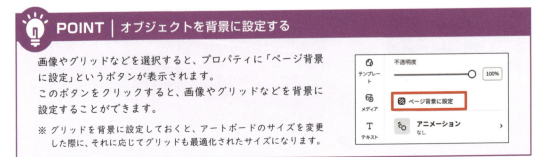

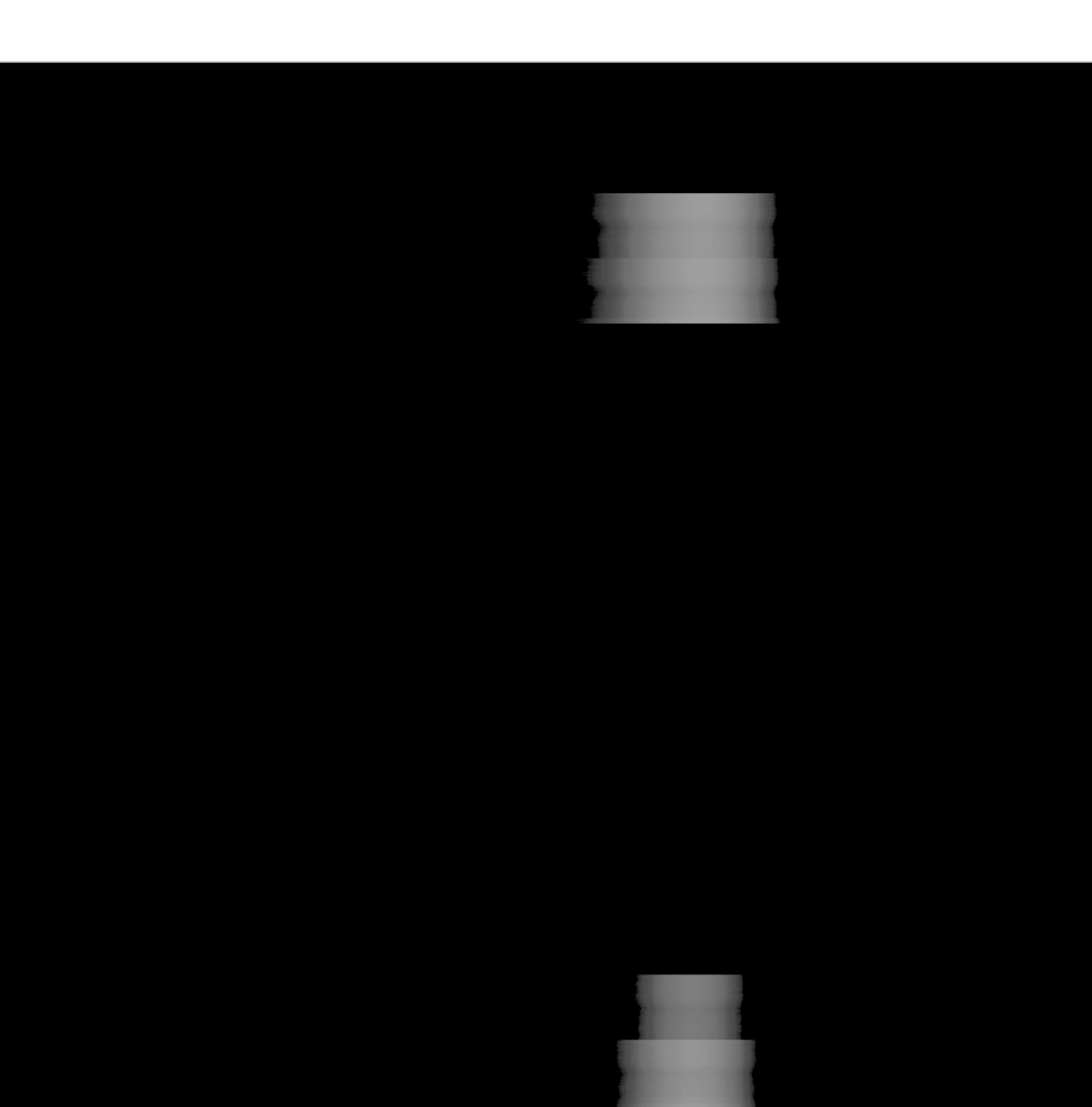

③ 🔲 をクリック

④ 「アップロードして置換」をクリック

⑤ 追加する画像を選択

ここでは、以下の素材ファイルを選択します。
・「08_写真1.jpg」

⑥ 「開く」をクリック

画像が差し替えられます。

画像をダブルクリックすると、グリッド内の画像のサイズや配置を調整できる状態になります。被写体がきちんと表示されるように、適宜調整しましょう。
※ 画像の調整方法については P.153 参照

■ 文字の背面に図形を配置する

写真の追加により文字の視認性が悪くなったため、文字の背面に白い円の図形を配置します。

※ 操作方法については下記参照
・図形の追加 … P.24
・重なり順の変更 … P.25

画像の切り抜き

「切り抜き」という機能を使うと、画像を様々な形に切り抜くことができます。

＜画像の切り抜きの例＞

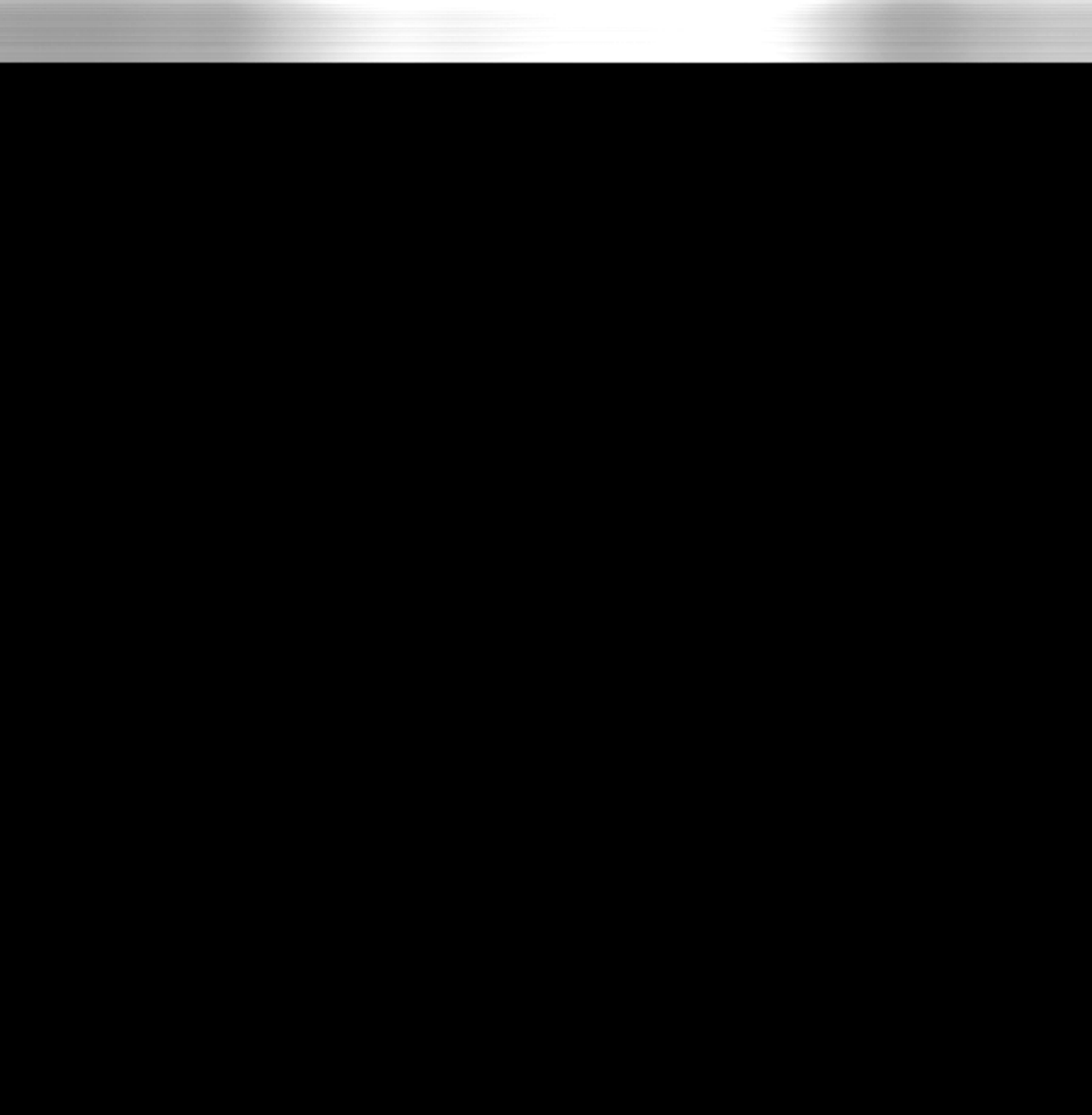

❸「シェイプ」の一覧から形状をクリック

ここでは円の形状を選択します。

❹ アートボードの外側をクリック

画像が円の形に切り抜かれます。

「落ち葉」の画像を白い円の背面に移動し、白い円から少しはみ出すようにサイズ、配置を調整しましょう。

※ 操作方法については下記参照
・オブジェクトの移動、サイズ変更 … P.23
・重なり順の変更 … P.25

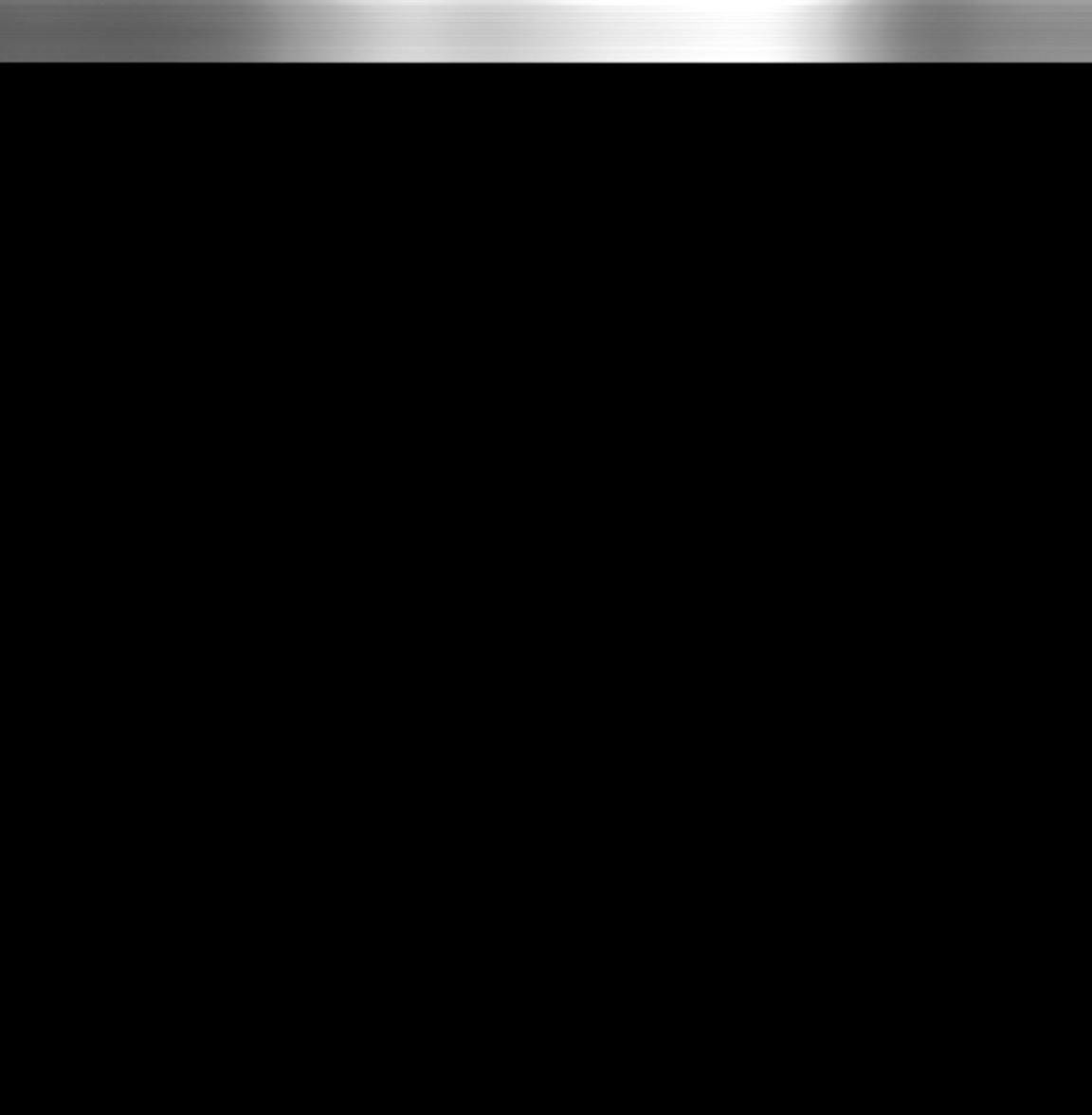

2 AI 機能を使った素材写真の調整

人物の削除や文字の追加を「自然な形」で行える

Adobe Express には、AI を使った画像の調整機能があります。
この機能を使うと、画像内の不要なものを自然な形で消したり、画像に文字を追加したりすることができます。

準備 前セクションで作成した「08_sns」を開いておきましょう。

オブジェクトを削除

「オブジェクトを削除」という機能を使うと、画像内にあるものを自然な形で消すことができます。
写真に写ってはいけないものや不要なものがあった場合は、「オブジェクトを削除」で削除しましょう。

＜「オブジェクトを削除」の使用例＞

「結果」の候補としていくつかの生成結果が表示されます。

❻ **結果の一覧から好みのものを選択**

※ 気に入ったものがない場合は、「さらに生成」をクリックすると別の生成結果が表示されます。

❼ **「保存」をクリック**

❽ **「閉じる」をクリック**

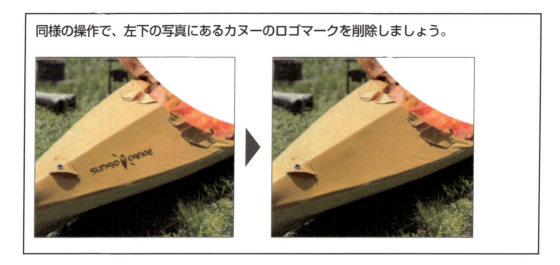

同様の操作で、左下の写真にあるカヌーのロゴマークを削除しましょう。

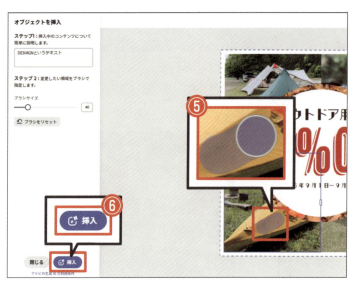

⑤ 追加する範囲をドラッグでなぞる

ここでは、カヌーの船体をなぞります。

⑥ 「挿入」をクリック

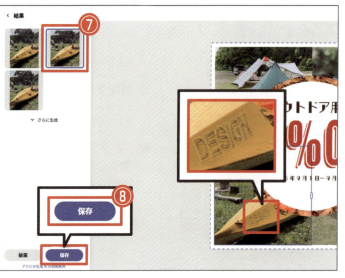

「結果」の候補としていくつかの生成結果が表示されます。

⑦ 結果の一覧から好みのものを選択

※ 気に入ったものがない場合は、「さらに生成」をクリックすると別の生成結果が表示されます。

⑧ 「保存」をクリック

⑨ 「閉じる」をクリック

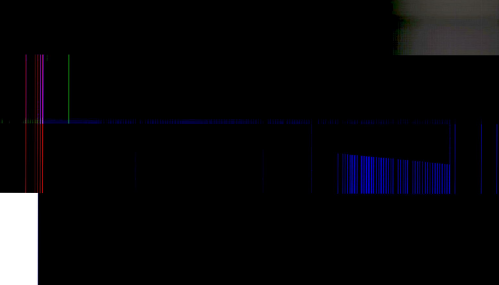

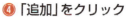

❹「追加」をクリック

アドオンが自分のアカウントに追加されます。

同様の操作で、以下のアドオンを追加しましょう。

・「いらすとや」
　※ 検索の際は「Irasutoya」とアルファベットで入力してください。

・「Attention Insight」

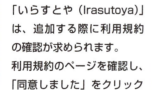

「いらすとや（Irasutoya）」は、追加する際に利用規約の確認が求められます。
利用規約のページを確認し、「同意しました」をクリックしましょう。

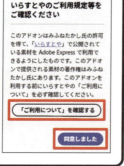

Gradients

グラデーションの画像素材が作成できる

Adobe Expressでは、オブジェクトの色にグラデーションを設定することができません（2024年12月現在）。

グラデーションを使いたい場合は、アドオンの「Gradients」を使います。

「Gradients」でグラデーションを作成する

ここでは「Gradients」を使ってグラデーションの画像を作成し、背景の手前に配置します。

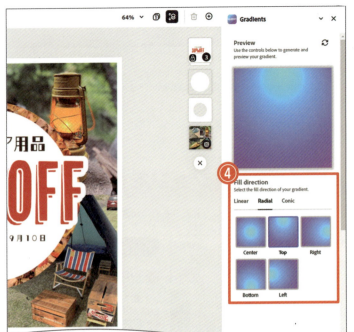

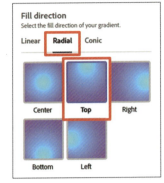

グラデーションの設定

④「Fill direction（グラデーションの方向）」を選択

ここでは、「Radial（放射状）」の「TOP」を選択します。

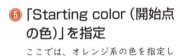

・「Linear」… 線形
・「Radial」… 放射状
・「Conic」… 円錐

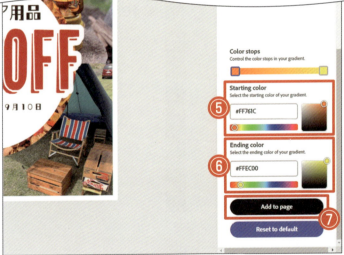

⑤「Starting color（開始点の色）」を指定

ここでは、オレンジ系の色を指定します。

⑥「Ending color（終了点の色）」を指定

ここでは、黄色系の色を指定します。

グラデーションの追加

⑦「Add to page」をクリック

グラデーションの画像がアートボードに追加されます。

画面の右側に、「Irasutoya」の画面が表示されます。

イラストの検索

④ **キーワードを入力して「Enter」キーを押す**

ここでは、「どんぐり」と入力して「Enter」キーを押します。

⑤ **追加するイラストをクリック**

イラストが追加されます。

同様の操作で「紅葉」のイラストを追加し、右のように配置しましょう。

Attention Insight

デザインのどこに注目が集まるかを事前にチェックできる

「Attention Insight」は、デザインのどこに注目が集まるかを確認できるサービスです。自分の意図したところがちゃんと注目されやすくなっているかチェックしましょう。

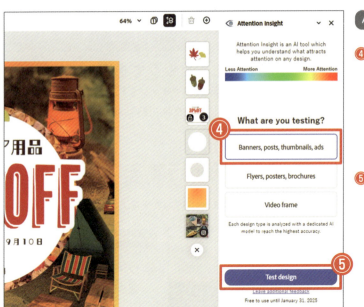

Attention Insight の実行

④ 制作物の種類を選択

ここでは、「Banners, posts, thumbnails, ads」を選択します。

- 「Banners, posts, thumbnails, ads」
  … バナー、投稿、サムネイル、広告
- 「Flyers, posters, brochures」
  … チラシ、ポスター、パンフレット
- 「Video frame」… 動画のフレーム

⑤ 「Test design」をクリック

⑥ 測定結果の種類を指定

ここでは、「Heatmap」を指定します。

⑦ 測定結果を確認

注目される部分が赤く表示されます。

※ 濃い赤色＞赤色＞橙色＞黄色＞緑色＞灰色 の順番で度合いのレベルを示しています。

📝 MEMO │ 測定結果の種類

Attention Insight では、以下の3種類の測定結果を確認することができます。

Heatmap
注目が集まる部分を赤色で表します。

Focus Map
最初の4秒間で注目される部分だけが表示されます。

Contrast Map
周囲の色とのコントラスト比の強さを示します。

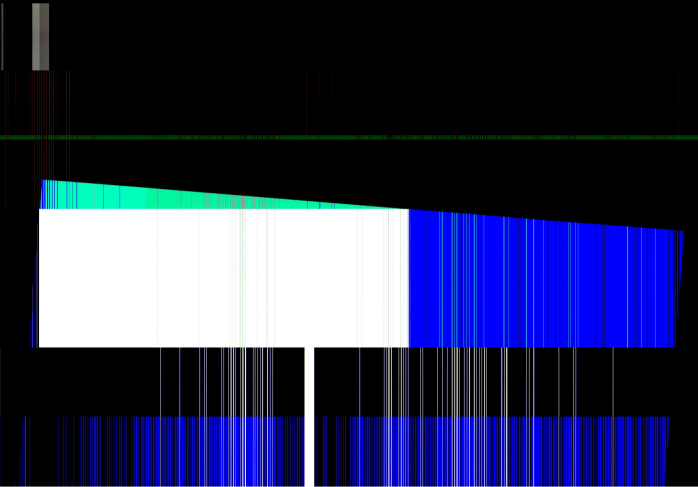

1 「テンプレート」を使ったデザインの共有

作成したデザインをテンプレート化する

「テンプレート」とは、自分が作成したデザインをテンプレート化し、他のプロジェクトで再利用できるようにする機能です。社内やチームなど複数人で決まったデザインを共有する場合などに役立ちます。

テンプレートは「デザインの複製」のようなもので、テンプレートを編集しても元のデザインに影響はありません。

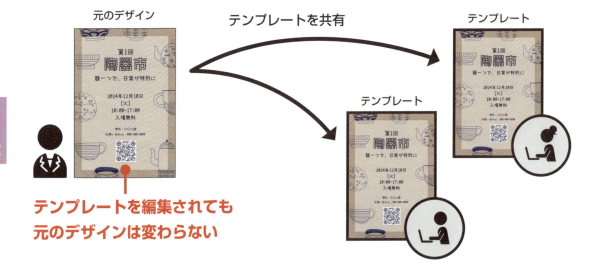

本書の素材テンプレートも、この方法で皆さんに提供しています。
テンプレートの受け取り方は、これまでに素材の準備で行ってきた方法（P.5 参照）と同じです。
今回は「テンプレートを作成する側」の操作方法について確認します。

準備
① 素材テンプレート「09_素材」を開きましょう。（P.5 参照）
② 素材テンプレートのファイル名を「09_sns」に変更しましょう。（P.16 参照）

■ テンプレートを作成する

「09_sns」のテンプレートリンクを作成します。

「共有」をクリック

テンプレートリンクが作成されます。

❻「リンクをコピー」を
クリック

リンクのURLがクリップボードにコピーされます。

❼「×」をクリックして画面を閉じる

❽ メールなどにリンクを貼り付けて共有する相手に送信

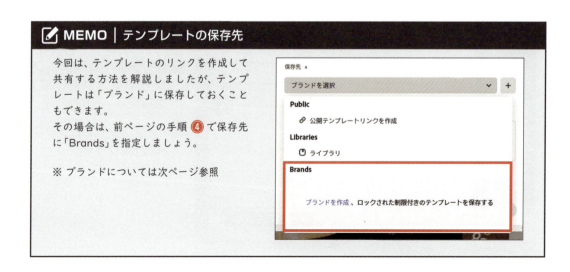

MEMO｜テンプレートの保存先

今回は、テンプレートのリンクを作成して共有する方法を解説しましたが、テンプレートは「ブランド」に保存しておくこともできます。
その場合は、前ページの手順❹で保存先に「Brands」を指定しましょう。

※ ブランドについては次ページ参照

2 [ブランド] を使って デザイン要素を登録する

ブランドを作成する

ブランドは、フォルダーのようなイメージです。
まずは空のブランドを新規作成し、その中にデザイン要素を登録していきます。

■ ブランドを新規作成する

「8Beat_SNS」というブランドを作成します。

❶ ホーム画面を表示
❷ 「ブランド」をクリック

❸ 「ブランドを作成」をクリック

❹ ブランド名を入力
　ここでは「8Beat_SNS」と入力します。
❺ 「新規作成」をクリック

ブランドが作成されます。

ブランドにロゴを追加する

ブランドに素材のロゴ画像「09_logo-01.png」「09_logo-02.png」を追加します。

■ ブランドにカラーパレットを追加する

カラーパレットとは、いくつかの色を1つのグループとして登録する機能です。
「チラシに使う色はこの組み合わせ」「SNS投稿はこの組み合わせ」というように、用途に合わせてカラーパレットを用意しておくと便利です。
ここでは、「09_メインカラー」というカラーパレットをブランドに追加します。

❶ 「追加」をクリック

❷ 「カラーパレット」を
クリック

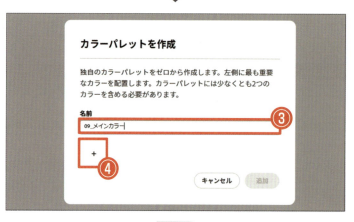

❸ カラーパレットの名前
を入力
ここでは「09_メインカラー」と
入力します。

❹ 「＋」をクリック

❺ 追加する色を指定
ここでは、黒に近い青色を追加
します。

❻ 「×」をクリック

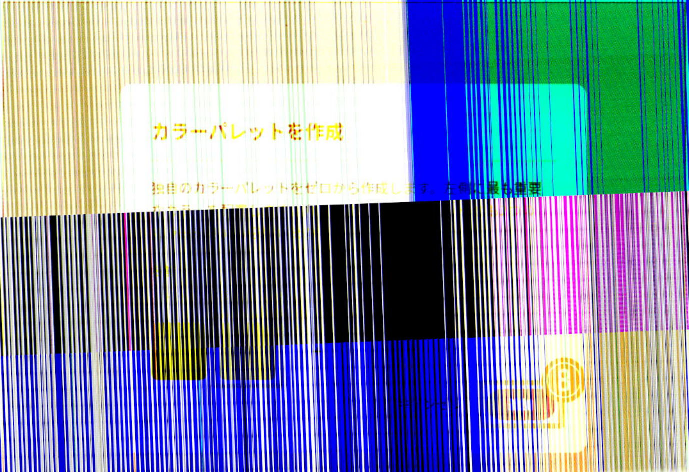

カラーパレットを作成

⑦ 同様に他の色を追加

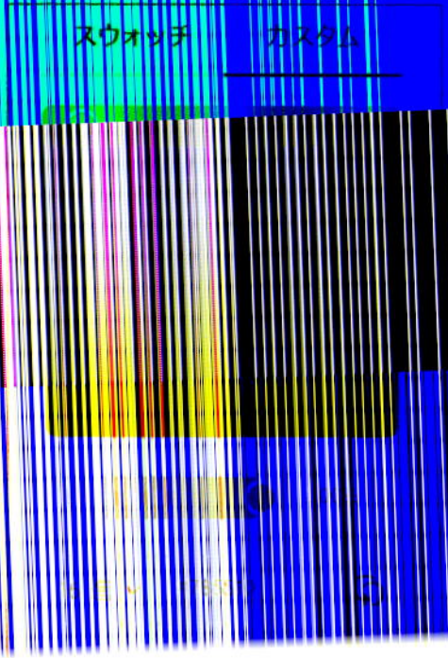

❸ 追加する色を指定

ここでは、赤茶色を追加します。

❹ 「保存」をクリック

ブランドにカラースウォッチが追加されます。

■ ブランドにフォントを追加する

ブランドにフォント「源ノ明朝（7）」を追加します。

❶ 「追加」をクリック

❷ 「フォント」をクリック

③ 追加するフォントを選択

ここでは「源ノ明朝（7）」を選択します。

❸ 追加するファイルを選択

ここでは「09_sns」を選択します。

❹ テンプレートの名前を編集

ここでは「09_sns（テンプレート）」という名前に変更します。

❺ 保存先にブランドを指定

ここでは「8Beat_SNS」を指定します。

❻「テンプレートを保存」をクリック

ブランドにテンプレートが追加されます。

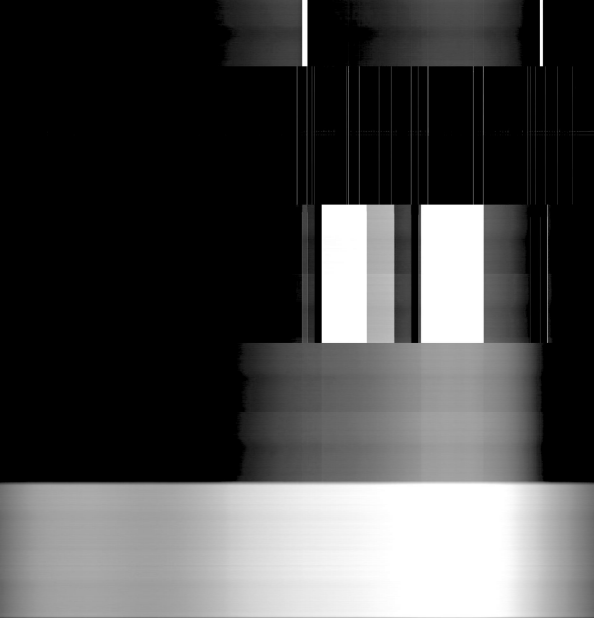

✏ MEMO ｜ ブランドの追加と削除

● ブランドの追加

Adobe Expressでは、複数のブランドを作成、管理することができます。そのため、案件ごとにブランドを分けたり、同じ案件でも「SNS用」「印刷用」など用途にあわせてブランドを使い分けたりすることが可能です。

ブランドの追加は、新規作成と同様に「ブランド」画面にある「ブランドを作成」ボタンから行えます。

❶「ブランド」をクリック
❷「ブランドを作成」をクリック

● ブランドの削除

ブランドを削除する場合は、「ブランド」画面を表示し、以下の方法で操作を行います。

❶ 削除するブランドにマウスポインターを合わせる
❷ ⋯ をクリック

❸「削除」をクリック

❹「削除」をクリック

⑤ 共有相手のメールアドレスを入力して「Enter」キーを押す

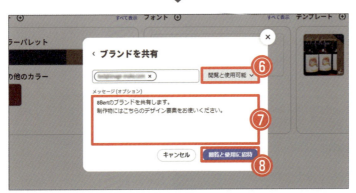

⑥ 共有相手に与える権限を選択

ここでは「閲覧と使用可能」を選択します。

⑦ メッセージを入力

※ メッセージの入力は任意です。

⑧ 「○○に招待」をクリック

※ ○○の表記は、選択した権限によって異なります。

⑨ 「×」をクリックして画面を閉じる

共有した相手には左のようなメールが送付され、「共同作業を開始」をクリックするとブランドにアクセスできるようになります。

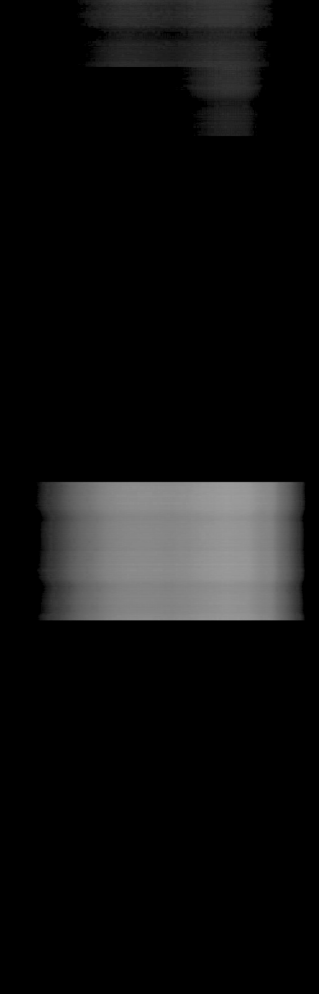

ブランド内のデザイン要素の使い方

自分のアカウントにブランドを追加すると、画像の追加や色の変更などを行う際に、ブランド内のデザイン要素が使えるようになります。

●「ロゴ」「素材」…「ブランド」からクリックで追加

ブランドに追加した「ロゴ」や「素材」は、編集画面の「ブランド」の項目からクリックで追加できます。

❶「ブランド」をクリック
❷ 追加する画像をクリック

●「フォント」「カラーパレット」「カラースウォッチ」… 設定メニューから選択

ブランドに追加した「フォント」「カラーパレット」「カラースウォッチ」は、それぞれを設定する際のメニューから選択することができます。

＜フォントの設定メニュー＞

ブランドのフォント

＜色の設定メニュー＞

ブランドのカラー
カラーパレット
カラースウォッチ

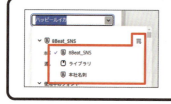

複数のブランドが登録されている場合は、☰ をクリックして表示される一覧から使用するブランドを指定しましょう。

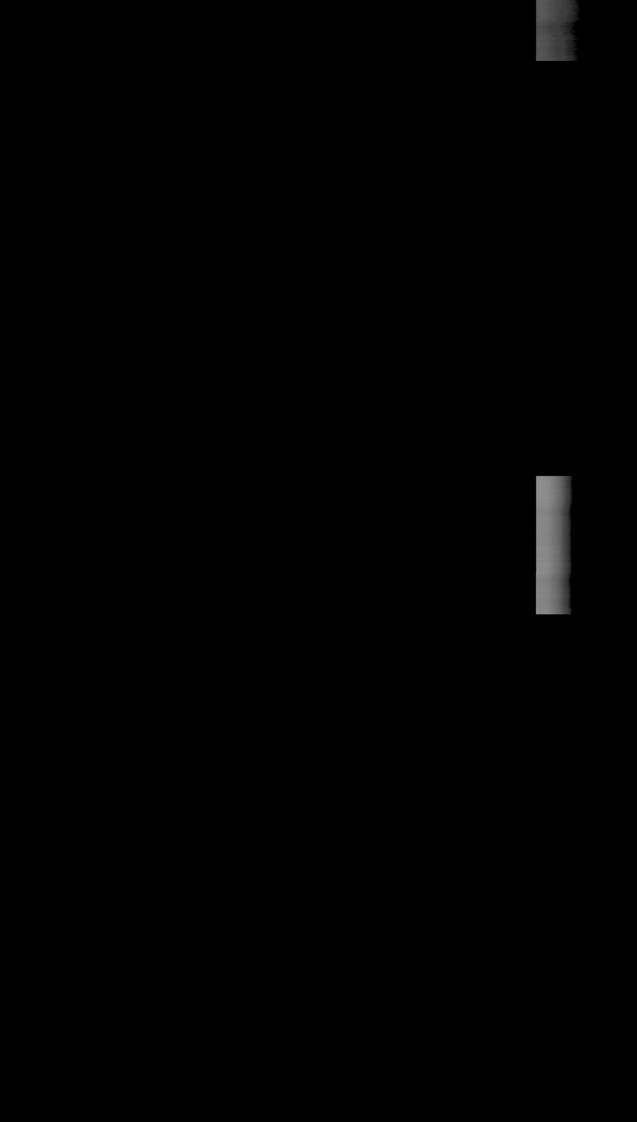

■ ブランドのテンプレートを開く

ブランド「8Beat_SNS」にあるテンプレート「09_sns」を開きます。

❶ ホーム画面を表示

❷ 「ブランド」をクリック

❸ ブランドを開く
ここでは「8Beat_SNS」をクリックして開きます。

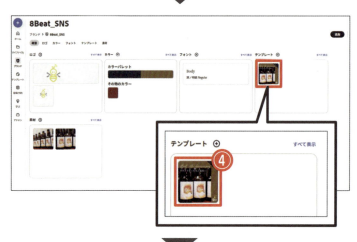

❹ 使用するテンプレートをクリック

❹「素材」の画像をクリック

画像が差し替えられます。

■ 図形の色を変更する

右上の三角形の図形の色を、ブランドのカラーパレット「メインカラー」にある茶色に変更します。

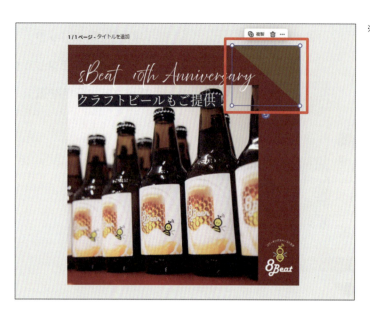

※ ブランド内の色を使用する方法については P.184 参照

■ 文字フレームの色を変更する

「クラフトビールも〜」に設定されている文字フレームの色を、ブランドのカラーパレット「メインカラー」にある茶色に変更します。

※ 文字フレームについては P.93 参照

※ ブランド内の色を使用する方法については P.184 参照

1 「共同編集」を使って効率的にデザインを作成する

複数のメンバーで同時に編集できる！

Adobe Expressの共同編集機能を使うと、他の人と一緒に同じファイルを開き、リアルタイムで編集などの作業することができます。
以下のように、複数人が関わるプロジェクトに最適です。

● チームプロジェクト

制作物のチェックを上司に依頼したり、フィードバックを伝えたりと、制作物に関するやり取りがスムーズに行えます。複数の担当者が関わる場合も、リアルタイムで同時に作業ができるため、無駄な手戻りを減らすことが可能です。

● 教育やトレーニング

新人やデザイナー以外の人に業務を教える際、共同作業を通じてスキルを習得させることができます。

POINT｜共有相手に与える権限について

ファイルを他のユーザーと共有するとき、以下の2種類のうち、どちらかの権限を付与する必要があります。
それぞれの権限の特徴は以下の通りです。

編集可能
ファイルの編集やコメントを行うことができます。

コメント可能
ファイルの編集はできませんが、閲覧とコメントは行うことができます。

※ コメントについては次ページ参照

社外の関係者など、見てもらうだけで編集はしてほしくない相手と共有する場合は、「コメント可能」を設定するようにしましょう。

MEMO｜リンクを知っているすべてのユーザーと共有する

ファイルの共有は、共有リンクを発行し、そのリンクを相手に送るだけで行うこともできます。チーム全体やクライアントなど、多くの人に素早くアクセスしてもらいたい場合に便利な方法です。
ただし、リンクを知っている人なら誰でもアクセスできる状態になるため、**セキュリティには注意が必要**です。会社によってはこういった共有方法が禁止されている場合もあるため、利用する場合は上司などに確認しましょう。

❶「共有」をクリック
❷「公開範囲」に「リンクを知っているすべてのユーザー」を指定
❸ 共有相手に与える権限を選択
❹「リンクをコピー」をクリック
❺ メールなどにリンクを貼り付けて共有する相手に送信

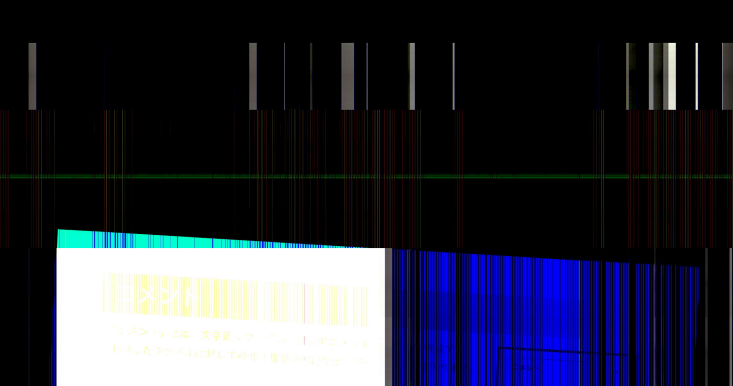

POINT ｜ 場所を指定してコメントを追加する

コメントの入力欄にある 📌 (ピン留め) を使うと、アートボード上の特定の場所に対してコメントすることができます。

❶ 📌 をクリック

マウスポインターが 🟡 に変わります。

❷ コメントを追加する場所をクリック

❸ コメントを入力

❹ 「送信」をクリック

コメントが追加され、対象となる場所に 🟡 が表示されます。

コメントにマウスポインターを合わせると、対象の場所に付けられた 🟡 が 🔵 に変わります。

■ コメントを編集する

追加したコメントは、あとから編集して修正したり、追記したりすることができます。

❶ 編集するコメントを選び、…をクリック

❷ 「編集」をクリック

❸ コメントを編集

❹ 「保存」をクリック

コメントの内容が変更されます。

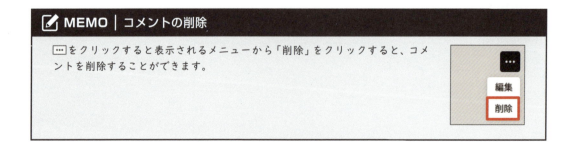

📝 **MEMO** | コメントの削除

…をクリックすると表示されるメニューから「削除」をクリックすると、コメントを削除することができます。

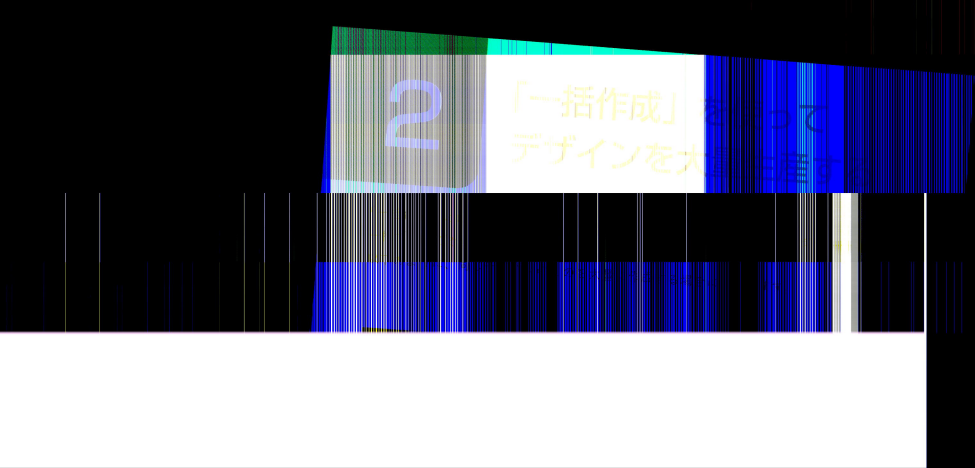

一括作成に必要な準備

一括作成を行うには、以下のものを準備する必要があります。

● 基となるデザイン

一括作成は、ひな型となる1つのデザインに対して、文字や画像を順番に差し込む仕組みで行われます。
まずは、一括作成の基となるデザインを作成しましょう。

● データのCSVファイル

差し替える文字情報は、CSV形式のファイルから取り込みます。
以下のように、データが表形式でまとめられたCSVファイルを準備しましょう。

一括作成.csv

1行目に項目名を入力 →

2行目以降に、デザインに使用するデータを入力 →

商品名	商品数	値段
人参	3本	95
ぶなしめじ	1袋	70
キャベツ	1玉	99

自分でCSVファイルを用意する場合は、上記のような表を「Excel」や「Googleスプレッドシート」で作成し、それを「CSV」形式で書き出せばOKです！

デザインを一括作成する

ここでは、素材ファイル「一括作成.csv」を使って、スーパーのお肉商品を宣伝するSNS画像を一括作成します。

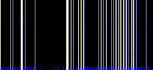

④ 使用する CSV ファイルを選択

　ここでは「一括作成.csv」を選択します。

⑤ 「開く」をクリック

CSV ファイルがアップロードされます。

⑥ 「次へ」をクリック

■ Step.2：テキストボックスとデータを関連付ける

テキストボックス「商品名」「商品数」「00」に、CSV ファイル「一括作成.csv」のデータを関連付けます。

商品名	商品数	値段
人参	3本	95
ぶなしめじ	1袋	70
キャベツ	1玉	99

■ Step.3：画像を関連付ける

画像の場合は、「関連付け」だけを行います。これは、Step.4で画像を置換するために必要な操作です。

① **画像を選択**

ここでは「ここに商品画像を入れる」と表示された画像を選択します。

② **「選択を関連付け」を
クリック**

画像が関連付けられます。

③ **「次へ」をクリック**

Step.4：画像を置換する

画像は CSV ファイルから取り込むことができないため、Step.3 で関連付けた仮の要素をパソコン内の画像に置換します。

表をスクロール

表を右方向にスクロールすると、一番右の列に画像の項目があります。

※「一括作成」のパネルは、⤢ をクリックして表示の拡大／縮小を切り替えることもできます。

⑤ 残りの要素を置換する

同様に、残りの要素を置換します。

- 「ぶなしめじ」の要素 → 「10_ぶなしめじ.png」
- 「キャベツ」の要素 → 「10_キャベツ.png」

■ Step.5：一括作成を実行する

デザインを確認し、一括作成を実行します。

① プレビューでデザインを確認

文字や画像にデータが反映されていることを確認します。

②「ページを作成」をクリック

すべてのページが表示された画面になり、作成したデザインが2ページ目以降に追加されます。

③「×」をクリック

すべてのページが表示された画面を閉じます。

3 「投稿予約」を使ったSNS投稿の効率化

スケジュール通りに自動でSNS投稿ができる！

Adobe Expressには、SNSと連携して投稿を行う「投稿予約」という機能があります。この機能を使うと、SNSに投稿するタイミングをAdobe Express上で計画し、スケジュール通りに自動で投稿できるようになります。

「投稿予約」の画面構成

сとは、ホーム画面の「投稿予約」をクリックして表示される画面です。

> **✏️ MEMO｜仮の投稿予定を非表示にする**
>
> 既定では、カレンダーには Adobe Express が提案する仮の投稿予定が表示されています。
> この投稿予定は、以下の方法で非表示にすることができます。

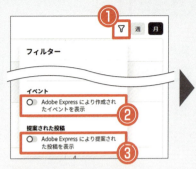
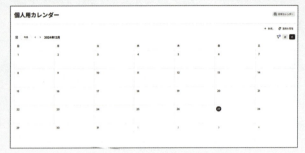

❶ ▽ をクリック
❷ 「Adobe Express により作成されたイベントを表示」をオフにする
❸ 「Adobe Express により提案された投稿を表示」をオフにする

Adobe Express と SNS を連携させる

投稿予約を行うには、Adobe Express と自分の SNS アカウントを連携させる必要があります。ここでは、X（旧 Twitter）と連携させる方法をご紹介します。

■ SNS と連携する

❶ 「投稿予約」をクリック

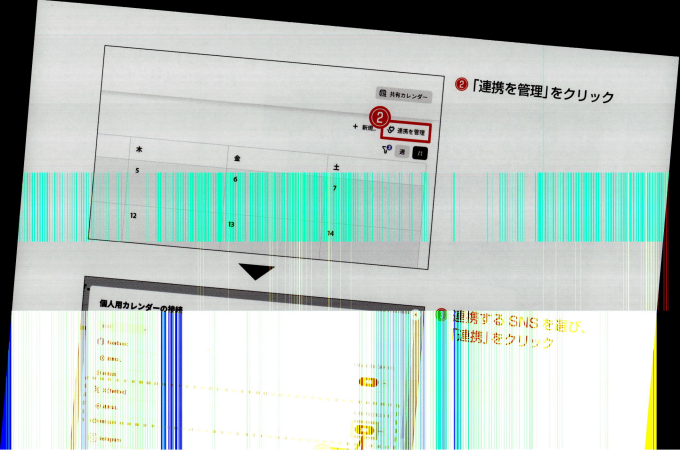

❺ アカウント情報を入力してSNSにログイン

❻「アプリを承認」をクリック

SNSとの連携が完了します。

❼「Adobe Expressに戻る」をクリック

※ 複数のSNSアカウントを連携させたい場合は、プレミアムプランに加入する必要があります。

投稿予約をする

投稿予約は、「投稿予約」のカレンダーから、投稿する日付を指定して行います。

■ 投稿予約をする

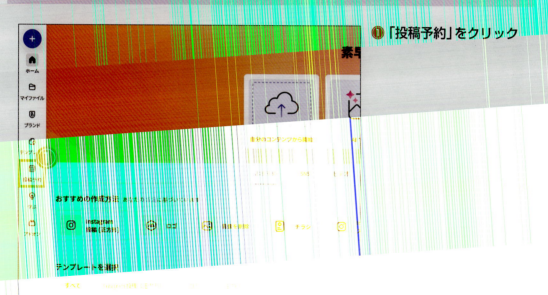

① 「投稿予約」をクリック

投稿画像のアップロード

❺ 「参照」をクリック

Adobe Express に保存されている
ファイルが表示されます。

❻ 投稿する画像のファイル
をクリック

❼ 投稿に使用するページに
チェックを入れる

❽ 「アップロード」をクリック

投稿内容の設定

⑨ 投稿する SNS を指定

⑩ 投稿文を入力

⑪ 投稿日時を指定

をクリックし、一覧から投稿する日付と時間を選択します。

※ カレンダーから投稿する場合は日時は設定されているため、時間の指定だけ行います。

⑫「投稿予約」をクリック

MEMO｜編集画面から投稿予約をする

投稿予約は、ファイルの編集画面から行うこともできます。

❶「共有」をクリック
❷「SNSに投稿」をクリック

MEMO｜投稿予約を削除する

投稿予約は、以下の方法で削除することができます。

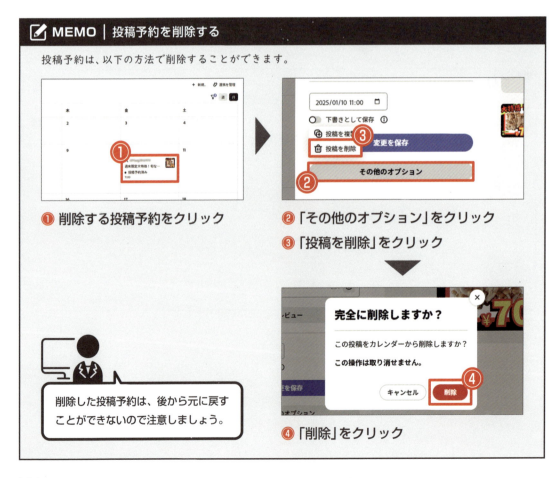

❶ 削除する投稿予約をクリック
❷「その他のオプション」をクリック
❸「投稿を削除」をクリック
❹「削除」をクリック

削除した投稿予約は、後から元に戻すことができないので注意しましょう。

Chapter 11 ショート動画を作成しよう

使用する素材

1 ショート動画とは

短時間で情報を伝える動画コンテンツ

ショート動画とは、15秒〜1分程度の短い時間で視聴できる動画コンテンツです。
スマートフォンを使った縦型の動画が主流で、InstagramやTikTokなどの投稿に適しています。

ショート動画の活用例

ショート動画は、ターゲットの興味を引き、情報を短時間で伝えるための有効な手段です。SNSのダイナミックな性質を利用し、ブランドメッセージを短い動画を通して効率的に広めることができます。

● **商品やサービスの紹介**
例：新しいカフェのオープンをPRするためのショート動画を制作。カフェの独特な内装や、バリスタがコーヒーを淹れる様子をクローズアップし、視覚的魅力を強調して、視聴者に実際に訪れてみたいと感じさせる。

● **マーケティングキャンペーン**
例：新しいスマートウォッチの発売に合わせてシリーズ動画を投稿。他の製品に比べて健康管理機能が特徴的なので、そこにスポットを当て、日常生活での使い方やその利点を簡潔に伝えることで製品への興味を喚起させる。

● **採用活動**
例：企業文化や職場環境を紹介するショート動画を制作し、採用ページやソーシャルメディアに掲載。実際の社員が語る企業での経験やキャリア成長の機会を紹介し、仕事への情熱やチームの雰囲気をリアルに伝える。

● **製品リリースのティーザー動画**
例：新製品のリリース前に、短いティーザー動画を投稿。製品の一部をチラ見せすることで期待感を高め、リリース日のアナウンスと合わせて視聴者の興味を引く。
※ティーザー動画…情報を少しずつ提供することにより消費者を焦らし、興味を引き付けるマーケティング手法。

ショート動画の基本的な仕様

フォーマット：縦長
ショート動画は縦長（9:16）のフォーマットが主流です。これはスマートフォンでの視聴に最適化されています。

解像度：1080 × 1920 ピクセル
動画の解像度は、各SNSで推奨されている「1080 × 1920 ピクセル」で作成しましょう。

長さは15秒〜1分を推奨
以下は、主要なSNSの投稿できる動画の最大時間です。長時間の動画を投稿することができますが、短時間で情報を伝えることを目的とするショート動画の場合は、15秒〜1分程度で作成するようにしましょう。

TikTok	Instagram（リール）	YouTube（ショート）
最大60分	最大90秒	最大3分

ショート動画を作成する際のポイント

ショート動画は、ターゲットの心を素早くつかみ、興味が失われる前に必要な情報を伝えることができます。画像とは異なり、動きや音声を利用してユーザーに訴求することが可能です。
ショート動画を作成する際のポイントは、以下の通りです。

2 タイムラインパネルについて

ここでは、動画を編集する上で必須の「タイムラインパネル」について解説します。

準備
① 素材テンプレート「11_確認用」を開きましょう。（P.5 参照）
② 素材テンプレートのファイル名を「11_タイムラインパネル」に変更しましょう。（P.16 参照）

タイムラインパネルとは

タイムラインパネルは、動画やアニメーションを編集する際に、素材（画像、テキスト、動画クリップなど）の配置や動きのタイミングを視覚的に確認・調整できるエリアです。

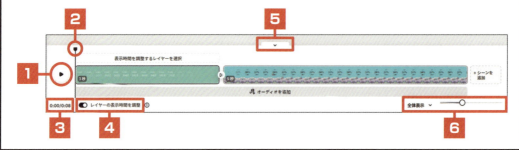

1 再生ボタン
クリックすると、再生ヘッドの位置から動画が再生されます。

2 再生ヘッド
現在表示している位置を示すマークです。ドラッグすることで表示位置を変えることができます。

3 タイム（表示位置／全体の長さ）
現在表示している位置（再生ヘッドがある位置）と、タイムライン全体の長さが表示されます。

4 レイヤーの表示時間を調整
オン（●）にすると、レイヤーの表示時間が表示されます。

5 タイムラインパネルの非表示／表示
クリックすると、タイムラインパネルを非表示にすることができます。非表示の場合は、「タイムラインを編集」をクリックすると、タイムラインパネルが表示されます。

6 タイムラインの拡大／縮小
タイムラインの表示を拡大／縮小することができます。

動画を構成する要素

動画を構成する要素は、タイムラインパネル上で以下のように表示されます。

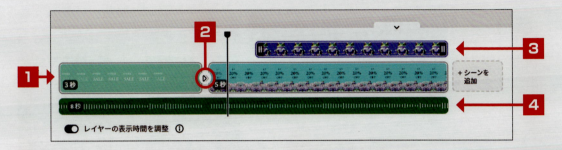

1 シーン

シーンとは、ストーリーが進む中で切り替わる「場面」のようなものです。「シーンを追加」をクリックすると、新たなシーンを追加することができます。

2 トランジション

トランジションとは、シーンとシーンの繋ぎ目で使用される効果やアニメーションのことです。▷をクリックすると画面の左側にプロパティが表示され、トランジションの種類を確認することができます。

3 レイヤートラック

各シーンに配置されているレイヤー（オブジェクト）のタイムラインです。
※「レイヤーの表示時間を調整」をオンにすると表示されます。

4 オーディオ

動画の背景に流れる音声です。

> **MEMO｜レイヤートラックを表示する方法**
>
> シーンをクリックして選択すると、そのシーンに配置されているレイヤーが表示されます。
> そこからさらに目的のレイヤーを選択すると、そのレイヤーのレイヤートラックがタイムラインパネル上に表示され、表示時間やタイミングを調整できるようになります。

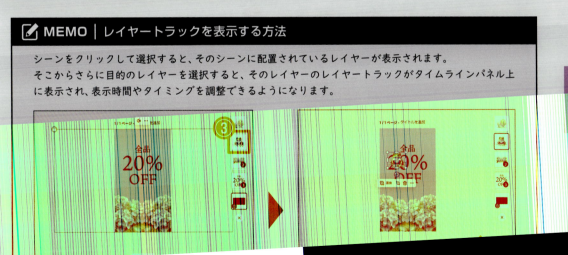

動画編集の体験

ここでは、素材「11_タイムラインパネル」を使って、動画編集の体験を行います。

■ レイヤーの表示時間を調整する

カタツムリが表示されるタイミングを、カエルが落ちる動きが止まったタイミングに合わせます。

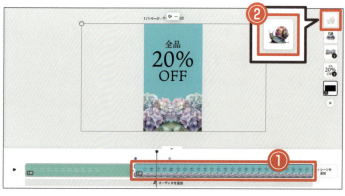

レイヤーのタイムラインを表示

❶ シーンを選択

2つ目のシーン（カタツムリが配置されているシーン）を選択します。

❷ レイヤーを選択

カタツムリのレイヤーを選択します。

カタツムリのレイヤーがタイムラインパネルに表示されます。

タイミングの確認

❸ 再生ヘッドをドラッグし、目的のタイミングで止める

再生ヘッドをドラッグすると、それに合わせてアートボード上の動画が動きます。カエルが落ちる動きが止まったタイミング（5秒付近）に再生ヘッドを置きましょう。

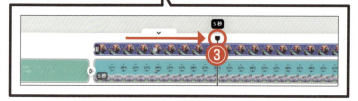

レイヤーの表示時間の調整

❹ **トリミングハンドルを
ドラッグ**

カタツムリのレイヤーのトリミングハンドルを、再生ヘッドの位置までドラッグします。

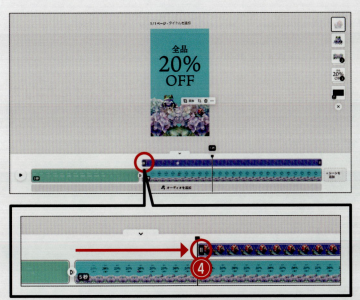

再生ヘッドを動画の先頭に戻し、再生して全体の動きを確認しましょう。

💡 POINT │ 再生ヘッドを動かしながらトリミング位置を決める

表示時間の調整は、トリミングハンドルをドラッグするだけでも行えますが、今回は「再生ヘッドをドラッグ→再生ヘッドの位置に合わせてレイヤーの表示時間を調整」という方法で行いました。この方法には、以下のようなメリットがあります。

● **動画の動きを確認しながらトリミング位置を決められる**

再生ヘッドをドラッグで動かすと、それに合わせてアートボード上の動画が動きます。その動きを確認しながら位置を合わせることで、目的のタイミングを正確に押さえることができます。

カエルの動きが止まった位置でストップ！

● **トリミングハンドルがピタッと止まる**

トリミングハンドルをドラッグすると、再生ヘッドの位置でピタッと止まるため、目的の位置で正確にトリミングすることができます。

■ オーディオを追加する

オーディオ「Inspirational Acoustic Guitar」を検索し、動画に追加します。

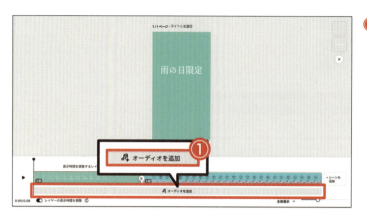

❶「オーディオを追加」を
クリック

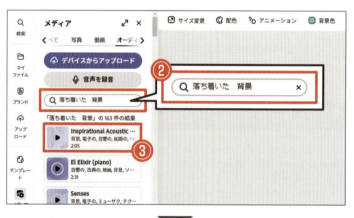

❷ キーワードを入力して
「Enter」キーを押す

ここでは、「落ち着いた　背景」と
入力して「Enter」キーを押します。

❸ 検索結果を確認し、追加
するオーディオをクリック

ここでは、「Inspirational Acoustic
Guitar」をクリックします。

オーディオが追加されます。

※ オーディオは、左のパネルでボリューム
やフェード（徐々に音量を変える効果）
を設定することができます。

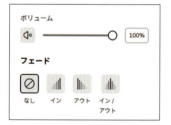

再生ヘッドを動画の先頭に戻し、再生してオーディオ
が追加されていることを確認しましょう。

簡単なショート動画を作る

ここでは、素材のテンプレートファイルを使って、採用活動用のショート動画を作成します。

準備
① 素材テンプレート「11_素材」を開きましょう。（P.5 参照）
② 素材テンプレートのファイル名を「11_ショート動画」に変更しましょう。（P.16 参照）

完成見本

11_ショート動画

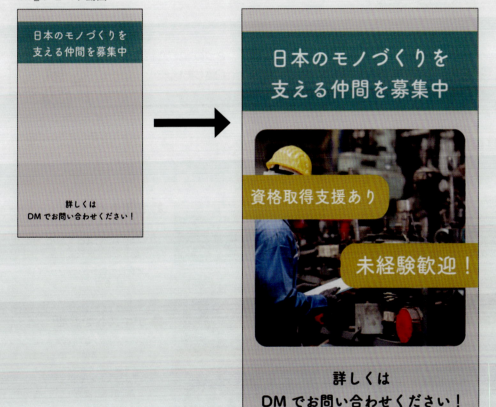

■ 写真を追加する

2つの写真を追加し、それぞれを角丸の正方形のシェイプで切り抜きます。

❶ **写真を追加**
・キーワード：「工場」
※ 写真の追加方法については、P.151 参照

❷ **シェイプで切り抜く**
・シェイプ：角丸の正方形
※ 画像を切り抜く方法については、P.151 参照

❸ **同様に写真を追加し、シェイプで切り抜く**

2つの写真が重なるように配置しましょう。

■ 図形とテキストを追加する

角丸の長方形とテキストを追加します。

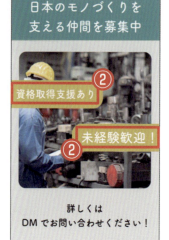

❶ **図形を追加**
・図形：角丸の長方形
・コーナーの真円率：70
・塗りの色：黄色系の色
※ 図形の追加方法については P.24 参照

❷ **テキストを追加**
・フォント：FOT-筑紫A丸ゴシック Std
・フォントファミリー：B
・フォントサイズ：
「資格取得支援あり」…55
「未経験歓迎！」…70
・塗り：白
※ テキストの追加方法については P.49 参照

■ 図形とテキストをグループ化する

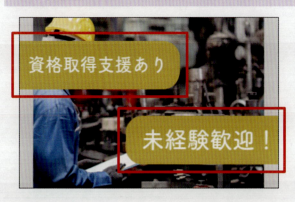

「資格取得支援あり」とその背面の図形、「未経験歓迎！」とその背面の図形を、それぞれグループ化します。

■ レイヤーにアニメーションを設定する

追加した文字と写真のレイヤーにアニメーションを設定します。

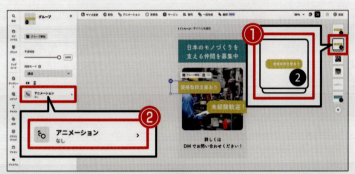

❶ **レイヤーを選択**
ここでは、「資格取得支援あり」と図形のグループのレイヤーを選択します。

❷ **「アニメーション」をクリック**

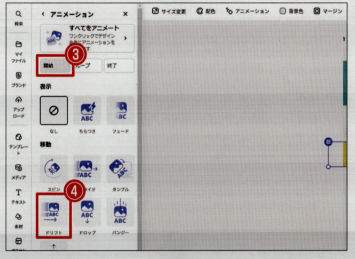

❸ **アニメーションのタイミングを選択**
ここでは「開始」を選択します。
※ アニメーションのタイミングについては次ページ参照

❹ **アニメーションを選択**
ここでは「ドリフト」を選択します。

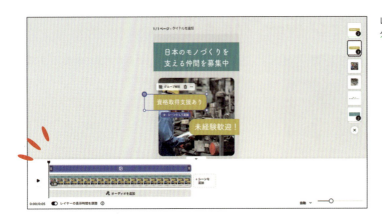

レイヤーにアニメーションが追加され、タイムラインパネルが表示されます。

同様の操作で、「未経験歓迎！」のグループと2つの写真にアニメーションを設定しましょう。

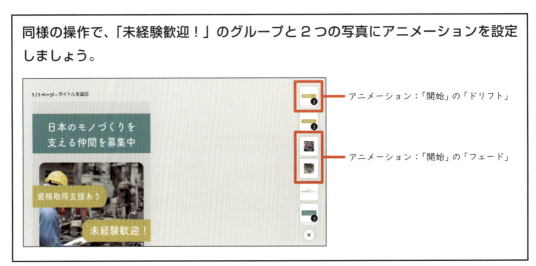

アニメーション：「開始」の「ドリフト」

アニメーション：「開始」の「フェード」

POINT | 「開始」「ループ」「終了」について

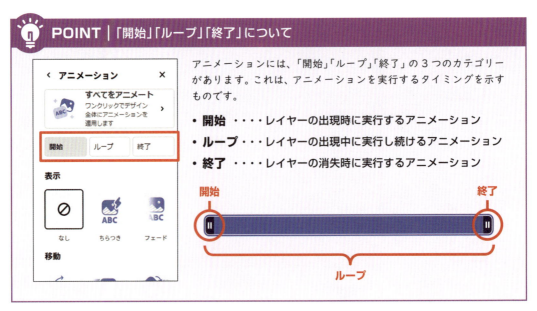

アニメーションには、「開始」「ループ」「終了」の3つのカテゴリーがあります。これは、アニメーションを実行するタイミングを示すものです。

- **開始** ････ レイヤーの出現時に実行するアニメーション
- **ループ** ･･･ レイヤーの出現中に実行し続けるアニメーション
- **終了** ････ レイヤーの消失時に実行するアニメーション

■ アニメーションの方向を変更する

アニメーションは、動く方向を変更することができます。
ここでは、「未経験歓迎！」のレイヤーに設定したアニメーションを、右から左へと移動する動きに変更します。

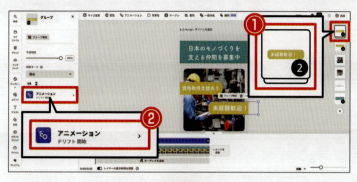

❶ レイヤーを選択
ここでは、「未経験者歓迎！」と図形のグループのレイヤーを選択します。

❷ 「アニメーション」をクリック

❸ ⇋ をクリック

❹ 方向を選択
ここでは「←」を選択します。

■ 写真とテキストの表示時間を調整する

写真とテキストが表示されるタイミングを、それぞれ以下のように調整しましょう。
※ レイヤーの表示時間の調整方法については P.220 参照

・重なり順が下の写真：動画開始から 0.5 秒

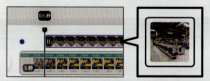

・「資格取得支援あり」のグループ：動画開始から 3.5 秒

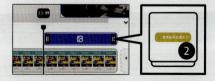

・重なり順が上の写真：動画開始から 1.5 秒

・「未経験歓迎！」のグループ：動画開始から 4 秒

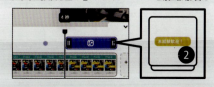

動画をダウンロードする

完成した動画をダウンロードします。

動画は、「MP4」の形式でダウンロードします。

① 「ダウンロード」をクリック
② ファイル形式に「MP4」を選択
③ ビデオ解像度を選択
ここでは「1080p」を選択します。
④ 「ダウンロード」をクリック

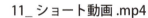

11_ショート動画.mp4

MP4の形式でパソコンにダウンロードされます。

POINT | ビデオ解像度

ビデオ解像度は、「720p」「1080p」「4K」から選ぶことができます。動画の用途に合わせて選択しましょう。

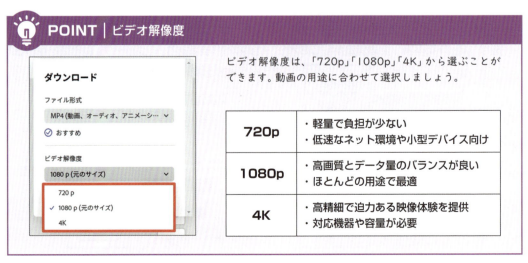

解像度	特徴
720p	・軽量で負担が少ない ・低速なネット環境や小型デバイス向け
1080p	・高画質とデータ量のバランスが良い ・ほとんどの用途で最適
4K	・高精細で迫力ある映像体験を提供 ・対応機器や容量が必要

キャンペーン告知の
ショート動画を作成しよう

使用する素材

素材テンプレート	・12_完成見本
素材ファイル	なし

1 キャンペーン告知のショート動画の作成準備

Chapter12では、カフェの無料キャンペーンを告知する、Instagramのリール動画を作成します。
作成のポイントは、以下の通りです。

＜キャンペーン告知動画のポイント＞

- **15〜30秒程度の短い時間でまとめる**
  長尺の動画は、最後まで見てもらえない傾向にあります。
  15〜30秒くらいの、要点をまとめた短い動画を作成しましょう。

- **1シーンの文字量は少なめに**
  短い動画の中に多くの文字情報を入れても、ユーザーは読むことができません。パッと見て認識できる単語だけを使うなど、文字量はできるだけ少なくしましょう。

- **視覚的な要素を活用する**
  商品やロゴ、キャラクター、モデルなど、視覚的な要素を使って情報を伝えるようにしましょう。

準備：ショート動画のベースを作成する

まずは、動画のファイルを新規作成し、デザイン素材や文字をアートボード上に追加します。

■ 動画ファイルを新規作成する

「Instagram リール」のファイルを新規作成します。

❶ ➕ をクリック

❷ カテゴリーを選択
ここでは「SNS」を選択します。

❸ ファイルの種類をクリック
ここでは「Instagram リール」をクリックします。

❹ ファイル名を変更
ここでは「12_キャンペーン告知動画」というファイル名に変更します。

■ 背景を設定する

背景色に茶系の色を設定します。

❶ 「背景色」をクリック

❷ 色を選択
　ここでは、茶系の色を選択します。

■ デザイン素材を追加する

コーヒーのデザイン素材を検索し、以下のように配置します。

＜設定内容＞
・デザイン素材：

・検索キーワード：「コーヒー」

※ デザイン素材の追加方法については P.56 参照

■ テキストを追加する

キャンペーンの内容を伝えるテキストを追加します。

```
＜設定内容＞
・フォント：DNP 秀英四号太かな Std
・フォントファミリー：Hv
・サイズ：「本アカウントの（改行）フォロー画面をご提示で」…45
        「1 杯無料」…95
        「キャンペーン期間（改行）2025/6/20 〜 7/20」…55
・塗りの色：白
・文字の配置：中央揃え
```

※ テキストの追加方法については P.49 参照

■ テキストに文字フレームを設定する

テキストに文字フレームを設定します。

```
＜設定内容＞
■「1 杯無料」
 ・文字フレーム：

 ・フレームの色：白
 ・文字フレームのサイズ：20

■「キャンペーン〜」
 ・文字フレーム：

 ・フレームの色：茶系の色
 ・文字フレームのサイズ：48
```

※ 文字フレームの設定方法については P.93 参照

2 アニメーションやオーディオを追加する

ここでは、前セクションで作成したファイルに、アニメーションやオーディオを追加します。

■ テキストにアニメーションを設定する

テキストに、以下のアニメーションを設定します。

＜設定内容＞

■「本アカウントを〜」
・アニメーション：「開始」の「フェード」

■「1 杯無料」
・アニメーション：「開始」の「ポップ」

■「キャンペーン期間〜」
・アニメーション：「開始」の「ドリフト」

※ アニメーションの設定方法については P.225 参照

■ テキストの表示時間を調整する

テキスト「1 杯無料」「キャンペーン期間〜」が表示されるタイミングを、以下のように調整します。
※ レイヤーの表示時間の調整方法については P.218 参照

・「1 杯無料」：動画開始から 1 秒

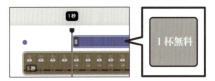

・「キャンペーン期間〜」：動画開始から 2 秒

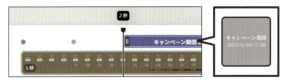

■ アニメーションの動作時間（スピード）を調整する

アニメーションは、動くスピードを調整することができます。
ここでは、「1杯無料」のアニメーションがゆっくりと動くように、動作時間を調整します。

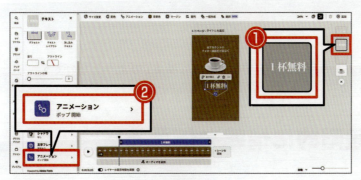

① **レイヤーを選択**
ここでは、「1杯無料」のレイヤーを選択します。
※ アートボード上のオブジェクトを選択しても構いません。

② **「アニメーション」をクリック**

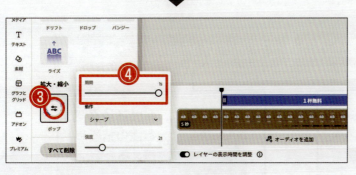

③ ⇔ をクリック

④ **期間（動作時間）を指定**
ここでは、○をドラッグして「1s」に指定します。

■ オーディオを追加する

動画に右のオーディオを追加します。
※ オーディオの追加方法については P.222 参照

＜設定内容＞
・オーディオ：「An Optimistic and Inspiring Classic」
・検索キーワード：「古典」
・ボリューム：100%
・フェード：「イン / アウト」

3 シーンを追加する

シーンとは、ドラマや映画で例えると、カメラが切り替わる「場面」のようなものです。Adobe Expressでは、この「シーン」を自由に追加することができます。

シーンを分けて段階的に情報を伝える

動画で複数の情報を伝えるときは、以下のように情報ごとにシーンを分けておくと効果的です。情報が段階的に伝わり、ユーザーにとってわかりやすい動画になります。

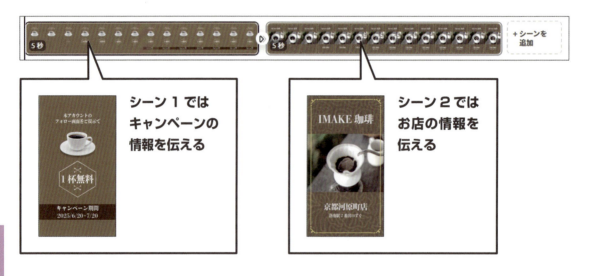

シーン1ではキャンペーンの情報を伝える

シーン2ではお店の情報を伝える

シーンの追加と作成

ここでは、前セクションで作成した動画に2つ目のシーンを追加して、お店の情報を伝える内容を作成します。

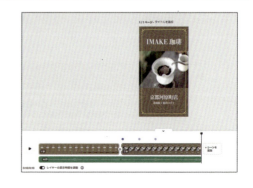

■ シーンを追加する

前セクションで作成したシーンの後ろに、2つ目のシーンを追加します。

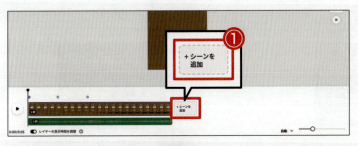

❶「シーンを追加」を
クリック

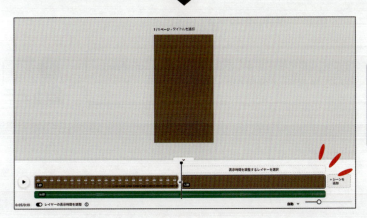

シーンが追加されます。

シーンを追加すると動画全体の時間が長くなり、それに合わせてオーディオの長さも自動で調整されます。

> 📝 **MEMO** シーンとシーンの間にシーンを追加する
>
> シーンとシーンの間に新しくシーンを追加する場合は、シーンの間にある⊕をクリックし、「シーンを追加」をクリックします。
>
>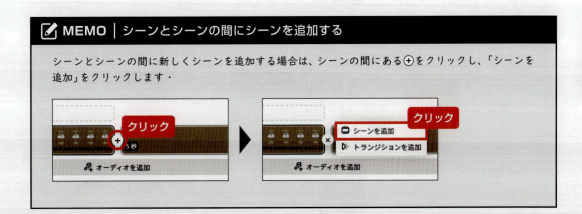

■ 背景に画像を設定する

キーワード「コーヒー」で背景画像を検索し、2つ目にシーンの背景に設定します。

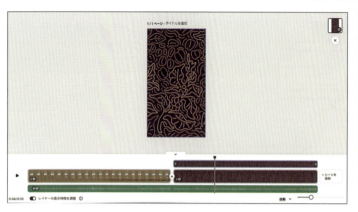

<設定内容>
・背景画像：

・検索キーワード：「コーヒー」

※ 背景に画像を設定する方法については P.37 参照

> シーンに背景を設定するときは、タイムラインパネル上のシーンを選択した状態で操作を行いましょう。

■ 背景画像を加工する

背景画像の印象が強いため、画像を加工して動画の雰囲気になじませます。

❶ 背景を選択
ここでは、2つ目のシーンの背景を選択します。

不透明度の調整

❷ 不透明度を調整
ここでは「20」に設定します。

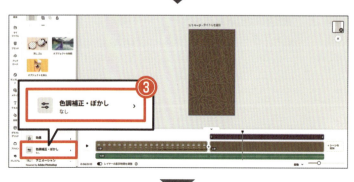

背景画像が半透明になります。

ぼかしの設定

❸ 「色調補正・ぼかし」をクリック

238

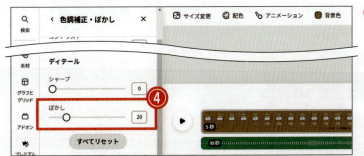

④「ぼかし」を調整

ここでは「20」に設定します。

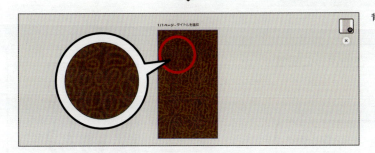

背景画像にぼかしが適用されます。

■ シーンに動画素材を追加する

2つ目のシーンに、コーヒーを注ぐ動画素材を追加します。

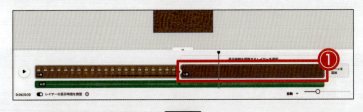

❶ 動画を追加するシーンを選択

ここでは、タイムラインパネル上の2つ目のシーンを選択します。

❷「メディア」をクリック

❸「動画」をクリック

❹ キーワードを入力して「Enter」キーを押す

ここでは、「コーヒー」と入力して「Enter」キーを押します。

❺ 検索結果を確認し、動画をクリック

シーンに動画が追加されます。

動画のサイズを調整し、右のように配置しましょう。

 動画のサイズ変更や移動は、写真と同じ操作方法で行えます。

■ シーンの長さを調整する

2つ目のシーンにコーヒーの動画を追加したことで、動画全体の時間が長くなりました。
動画全体が10秒程度になるように、2つ目のシーンの長さを短く調整しましょう。

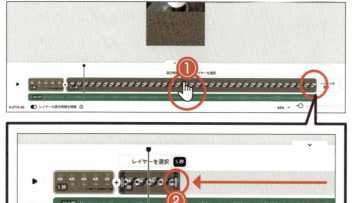

❶ **シーンにマウスポインターを合わせる**

シーンにマウスポインターを合わせると、トリミングハンドルが表示されます。

❷ **トリミングハンドルをドラッグ**

ここでは、シーンの末尾のトリミングハンドルを、「5秒」の位置までドラッグします。

■ テキストを追加する

お店の情報を伝えるテキストを追加します。

<設定内容>
- フォント：DNP 秀英四号太かな Std
- フォントファミリー：Hv
- サイズ：「IMAKE 珈琲」… 105
  　　　　「京都河原町店」… 80
  　　　　「洛南駅 2 番出口すぐ」… 40
- 塗りの色：白
- 文字の配置：中央揃え

※ テキストの追加方法については P.49 参照

■ テキストにアニメーションを設定する

テキストに、以下のアニメーションを設定します。

<設定内容>

■「IMAKE 珈琲」
　・アニメーション：「開始」の「バンジー」

■「京都河原町店」
　・アニメーション：「開始」の「ドロップ」

■「洛南駅 2 番出口すぐ」
　・アニメーション：「開始」の「ドロップ」

※ アニメーションの設定方法については P.225 参照

■ テキストの表示時間を調整する

テキスト「京都河原町店」「洛南駅2番出口すぐ」が表示されるタイミングを、以下のように調整します。
※ レイヤーの表示時間の調整方法については P.220 参照

・「京都河原町店」：動画開始から6秒 ・「洛南駅2番出口すぐ」：動画開始から7秒

■ トランジションを追加する

現在の状態では、1つ目のシーンから2つ目のシーンへの切り替わりが唐突で不自然です。
シーンとシーンの間に「トランジション」を追加して、自然に切り替わるようにしましょう。

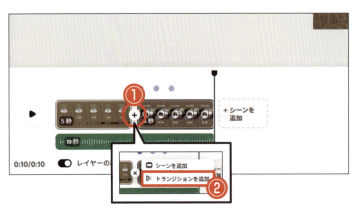

❶ シーンとシーンの間の
「＋」をクリック

❷ 「トランジションを追加」
をクリック

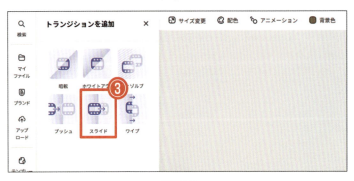

❸ トランジションを選択
ここでは「スライド」を選択します。

④ トランジションの詳細を設定

ここでは、「方向」を「↓」に設定します。

POINT｜トランジション

トランジションとは、シーンとシーンの間を自然に繋ぐために用いられる効果（エフェクト）です。シーンの繋ぎ目で起こる唐突な印象を防いだり、逆に場面転換を明確にしてストーリーをわかりやすくしたりと、使用するトランジションの種類によって様々な演出ができます。

＜例1：「スライド」を設定した場合＞

＜例2：「ディゾルブ」を設定した場合＞

■ 図形を追加する

2つ目のシーンに、フレームの図形を追加します。

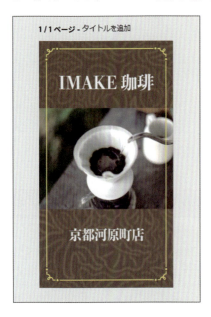

＜設定内容＞

・図形： 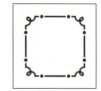 ※「フレーム」のカテゴリーにあります。

・線の色：黄色系の色

※ 図形の追加方法については P.24 参照

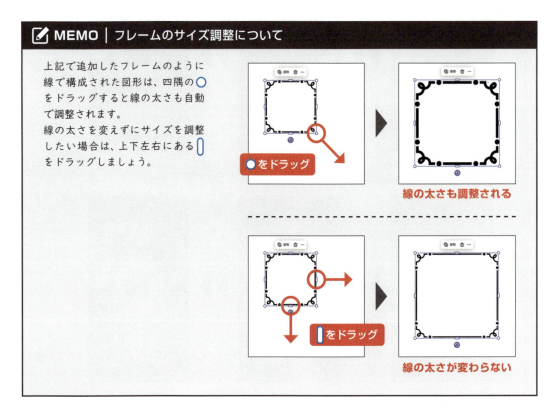

MEMO｜フレームのサイズ調整について

上記で追加したフレームのように線で構成された図形は、四隅の〇をドラッグすると線の太さも自動で調整されます。
線の太さを変えずにサイズを調整したい場合は、上下左右にある▯をドラッグしましょう。

〇をドラッグ → 線の太さも調整される

▯をドラッグ → 線の太さが変わらない

Chapter 13 商品宣伝用の
ショート動画を作成しよう

使用する素材

素材テンプレート	・13_2_素材 ・13_3_素材 ・13_完成見本
素材ファイル	・13_01_アウトドア料理_焼肉.mp4 ・13_02_バス.mp4 ・13_03_キャンプ場.mp4 ・13_04_アウトドア料理_シャケ.mp4 ・13_05_ダム.mp4 ・13_06_ロープウェイ.mp4 ・第13講_台本.txt

Chapter13 で作成する動画について

旅行会社のツアー商品を紹介する動画を作成します。
Chapter13 では、ショート動画制作の総仕上げとして、複数の動画をつなぎ合わせた 30 秒ほどの動画を作成します。作業に取り掛かる前に、作成するショート動画の要件と、動画全体の構成を確認しておきましょう。

◆ 動画の要件 ◆

テーマ	IMAKE キャンプショップが提供する「九州観光＆キャンプツアー（旅行商材）」の宣伝ショート動画
動画の目的	キャンプツアーの良さを知ってもらい、詳細のページへ誘導する
伝えたい内容	・旅行代金：¥59,000 〜 ¥62,000（税込） ・料金に含まれるもの：ガイド料、移動代、宿泊代、1 日目夕食、2 日目朝食
動画の仕様	動画の長さ (尺) は「30 秒」にする

💡 POINT ｜ 作り始める前に台本（シナリオ）を作っておこう

動画を作成する際は、あらかじめ台本（シナリオ）を作っておくのがおすすめです。
伝えたい内容や文言、見せたい映像の構成などを、メモ帳などに書き出して整理しておきましょう。

■ 1 カット目
2 泊 3 日
九州観光＆キャンプツアー
魅力 3 選
IMAKE キャンプショップ提供

■ 2 カット目
手ぶらで OK！
都心発着バスで移動もラクラク♪

■ 3 カット目
初めてのキャンプでも安心！
キャンプ用品は現地でレンタル♪

今回は、動画に記載する文言をまとめた素材ファイル「第 13 講 _ 台本 .txt」を用意しています。文字情報は、そこからコピー＆ペーストして作成してください。

◆ 動画の構成 ◆

【シーン1】
動画のタイトル

【シーン2】
ツアーの特徴①

【シーン3】
ツアーの特徴②

【シーン4】
ツアーの特徴②の続き

【シーン5】
ツアーの特徴③

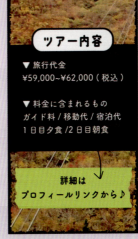

【シーン6】
料金とプロフィール
リンクへの誘導

素材テンプレート「13_完成見本」を開いて、実際の
動画を確認しておきましょう。

1 動画素材の配置とトリミング

今回作成するショート動画では、複数の動画素材をつないで1本の動画に仕上げます。
そのためには、動画を適切な順番に入れ替えたり、必要に応じてトリミングをしたりという操作が必要です。
ここでは、練習用の動画ファイルを使って、動画編集に必要な操作を確認します。

■ 動画ファイルを追加する（アップロード）

素材「Chapter13_素材」フォルダーにある、右の6つの動画ファイルを追加します。

- 13_01_アウトドア料理_焼肉.mp4
- 13_02_バス.mp4
- 13_03_キャンプ場.mp4
- 13_04_アウトドア料理_シャケ.mp4
- 13_05_ダム.mp4
- 13_06_ロープウェイ.mp4

❶「アップロード」をクリック

❷ 動画ファイルを選択

ここでは、「Ctrl」キーを押しながらファイルをクリックし、追加する動画ファイルをすべて選択します。

❸「開く」をクリック

動画が追加され、タイムライン上にシーンとして並びます。

※ 動画は、❷の画面で並んでいる順番で、タイムラインの先頭から並べられます。

複数の動画を追加するときは、手順❷のようにまとめて追加すると効率的です。
※ 次ページ参照

📝 MEMO　動画をまとめてアップロードするメリット

1動画1シーンでタイムラインに並ぶ

動画の追加は、1つずつ行うこともできます。しかしその方法では、「動画1を追加→シーンを追加→追加したシーンに次の動画を追加」と、シーンをその都度追加しなければいけません。
今回のように動画をまとめて追加すると、各動画が1つのシーンとしてタイムラインに並ぶため、シーンを追加する手間が省けます。

● 1つずつ動画をアップロードすると…

1つ目の動画を追加する

シーンを追加する

シーンに2つ目の動画を追加する

● まとめて動画をアップロードすると…

**各動画が1つのシーンとして追加されるので
シーンを追加する手間が省ける！**

■ シーンを並べ替える

タイムライン上のシーンは、ドラッグの操作で移動して順番を入れ替えることができます。

❶ シーンをドラッグ

▼

❷ **移動させたい場所で
ドロップ**

移動させたい場所に線が表示されたらドロップします。

■ シーンを削除する

タイムライン上の不要なシーンは、以下の方法で削除することができます。

❶ **シーンにマウスポインターを合わせる**

❷ **⋯をクリック**

❸ **「シーンを削除」をクリック**

シーンが削除されます。

■ シーンをトリミングする

見せたい部分が残るように動画の前後を取り除く

シーンのトリミングとは、動画の前後を取り除いて見せたい部分だけを残すことです。トリミングは、タイムライン上のシーンに表示されているトリミングハンドルをドラッグすることで行えます。

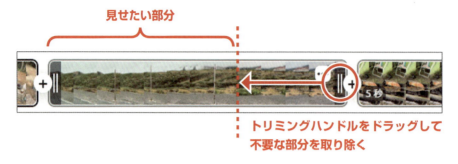

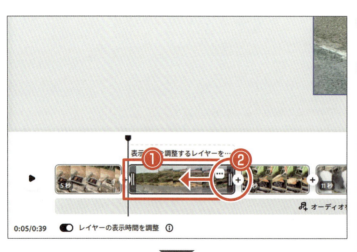

❶ シーンにマウスポインターを合わせる

❷ トリミングハンドルをドラッグ

トリミングハンドルをドラッグすると、上部にシーンの秒数が表示されます。トリミングする位置の目安にしましょう。

2 動画素材にテキストやアニメーションを追加する

ここでは、素材テンプレートに文字やアニメーションを追加して、ツアー商品を紹介する宣伝用ショート動画を作成します。

準備
① 素材テンプレート「13-2_素材」を開きましょう。(P.5参照)
② 素材テンプレートのファイル名を「13-2_商品宣伝動画」に変更しましょう。(P.16参照)

※ 動画を開いた際に「⚠この動画のファイルを〜」のメッセージ（下記）が表示された場合は、ブラウザーの更新ボタンをクリックしてページを更新してください。

> ⚠ この動画ファイルを処理できませんでした。再試行するか、新しい動画をアップロードして続行してください。　✕

シーン1の編集

■ アニメーションを設定する

シーン1の文字やイラストに、アニメーションを設定します。

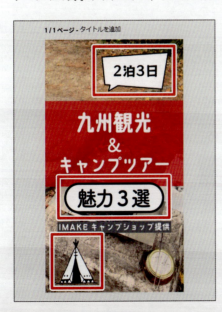

＜設定内容＞
■「2泊3日」
・アニメーション：「開始」の「ポップ」／「ループ」の「揺すり」
■「魅力3選」
・アニメーション：「開始」の「縮小」
■ テントのデザイン素材
・アニメーション：「ループ」の「揺すり」

※ アニメーションの設定方法については P.225 参照

> アニメーションは、種類（開始／ループ／終了）の異なるものであれば、1つのレイヤーに複数を設定することもできます。

■ レイヤーの表示時間を調整する

「魅力3選」のレイヤーが開始1秒後に表示されるように、表示時間を調整します。
※ レイヤーの表示時間の調整方法についてはP.220参照

シーン2の編集

■ デザイン素材と図形を追加する

シーン2は、ツアーの特徴の1つ目を紹介するシーンです。数字の①を表すデザイン素材を追加しましょう。また、文字が読みやすいように、文字の背面に半透明の図形を配置しましょう。

＜デザイン素材の設定内容＞
・検索キーワード：「ナンバー」
・デザイン素材：

※ ①だけが表示されるように、デザイン素材を切り抜きます。(P.89参照)

＜図形の設定内容＞
・図形：

・塗りの色：黒
・不透明度：50%

■ テキストを編集する

「×××…」と入力されているテキストボックスに、ツアー商品の1つ目の特徴を入力します。

※ 文字は、台本「第13講_台本.txt」からコピー&ペーストして入力しましょう。

シーン3の編集

■ シーン2のオブジェクトをコピーして編集する

シーン3は、ツアーの特徴の2つ目を紹介するシーンです。
シーン2と同じデザインを使用するため、シーン2のオブジェクトをコピー&ペーストして編集しましょう。

＜テキストの設定内容＞
■「初めてのキャンプでも安心♪」
・フォントサイズ：80
■「キャンプ用品は現地でレンタル♪」
・フォントサイズ：44
※ 配置は適宜調整してください。

デザイン素材は、切り抜き位置を調整して②だけを表示します。

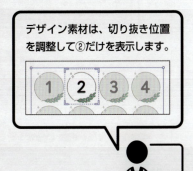

シーン4の編集

■ シーン3のオブジェクトをコピーして編集する

シーン4は、シーン3の続き（補足情報）を伝えるシーンです。
シーン3からテキストと図形をコピー&ペーストし、以下のように編集しましょう。

＜テキストの設定内容＞
■「アウトドア料理も楽しめる！」
・フォントサイズ：80

※ 図形のサイズ、配置は適宜調整しましょう。

■ アニメーションを設定する（すべてをアニメート）

「すべてをアニメート」というAI機能を使って、シーン4のオブジェクトにまとめてアニメーションを設定します。

① **シーンを選択**
ここでは、先頭から4つ目のシーンを選択します。

② **「アニメーション」をクリック**

❸ 「すべてをアニメート」
をクリック

※ すでに「すべてをアニメート」
のプロパティが表示されている
場合は、この操作は不要です。

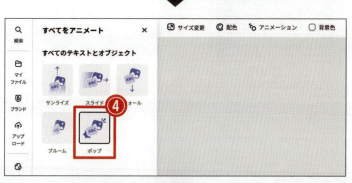

❹ アニメーションを選択

ここでは「ポップ」を選択します。

シーン4のオブジェクトにアニメーション
が設定され、自動で再生されます。

> 💡 **POINT** | 「すべてをアニメート」
>
> 「すべてをアニメート」とは、AIを利用したアニメーション設定機能です。この機能を使うと、シーン上にある複数のオブジェクトに対して、ワンクリックでまとめてアニメーションを設定することができます。さらに、AIの判断によりレイヤーの表示時間も自動で調整されるため、非常に効率的です。

シーン5の編集

■ シーン3のオブジェクトをコピーして編集する

シーン5は、シーン2、シーン3と同様に、ツアーの特徴を紹介するシーンです。
シーン3のオブジェクトをコピー&ペーストして編集しましょう。

＜テキストの設定内容＞

■「3日目は現地で観光！」
・フォントサイズ：80

■「非日常体験で心リフレッシュ♪」
・フォントサイズ：44

シーン6の編集

■ オブジェクトのアニメーションと表示時間を設定する

「詳細はプロフィールリンクから♪」のオブジェクトにアニメーションを設定し、表示時間を調整します。

＜設定内容＞

・アニメーション：「開始」の「バンジー」

・レイヤーの表示時間：動画開始から26秒

3 ショート動画を仕上げる

ここでは、素材テンプレートの動画にオーディオやトランジションを追加して、宣伝用動画を仕上げます。

今回使用する素材テンプレートは、前セクションが完成した状態のものです。前セクションで動画を完成させた方は、そちらの動画をお使いいただいても構いません。

準備
① 素材テンプレート「13-3_素材」を開きましょう。(P.5参照)
② 素材テンプレートのファイル名を「13-3_商品宣伝動画」に変更しましょう。(P.16参照)

※ 動画を開いた際に「⚠この動画のファイルを」のメッセージ（下記）が表示された場合は、ブラウザーの更新ボタンをクリックしてページを更新してください。

⚠ この動画ファイルを処理できませんでした。再試行するか、新しい動画をアップロードして続行してください。　✕

■ オーディオを追加する（ジャンルから探す）

動画に、カントリー調のオーディオを追加します。

❶「オーディオを追加」をクリック

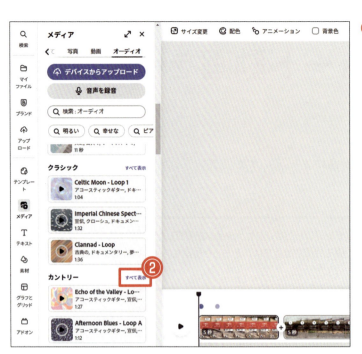

❷ **オーディオのジャンルを選び、「すべて表示」をクリック**

ここでは、「カントリー」のオーディオをすべて表示します。

❸ **追加するオーディオをクリック**

ここでは、「Rollin' Through the Hills – Loop A」をクリックします。

オーディオが追加されます。

④ オーディオの詳細を設定
ここでは、「ボリューム」を「10%」に調整します。

Chapter11（P.222）ではキーワード検索で探しましたが、オーディオはジャンルから探すこともできます。今回のように追加したいオーディオの雰囲気が決まっている場合におすすめの方法です。

■ 図形を追加する

線のみの長方形を使って、各シーンに枠を作成します。
ここでは、以下のルールでシーンの内容ごとに枠の色を変更します。

──「タイトル（シーン1）」と「締め（シーン6）」は黒い枠──

「特徴の紹介（シーン2〜5）」は白い枠

このように、シーンの内容に合わせてデザインを統一、または変更することで、ストーリーの関連性が認識しやすくなり、視聴者にとってわかりやすい動画に仕上がります。

Step1：シーン1に黒い枠を作成

まずは、シーン1に、図形を使って枠を作成します。

＜シーン1＞

＜設定内容＞
- 図形：■
- 線のスタイル：バブル
- 線の太さ：68
- 塗りの色：なし
- 線の色：黒

※ 図形の追加方法については P.24 参照

Step2：シーン6に黒い枠をコピー&ペースト

シーン1で作成した枠の図形を、シーン6にコピー&ペーストします。

＜シーン6＞

Step3：シーン2に白い枠を作成

シーン1で作成した枠の図形をシーン2にコピー&ペーストし、色を変更します

<設定内容>
・線の色：白

＜シーン2＞

Step4：シーン3～シーン5に白い枠をコピー&ペースト

シーン2で作成した枠の図形を、シーン3～シーン5にコピー&ペーストします。

＜シーン3＞　　　＜シーン4＞　　　＜シーン5＞

■ トランジションを設定する

シーンの繋ぎ目に、トランジションを設定します。
ここでは、以下のルールでシーンの関連性に合わせてトランジションの種類を変更します。

このように、シーンの関連性によってトランジションの種類を変更することで、ストーリーの転換が明確になり、視聴者にとってわかりやすい動画に仕上げることができます。

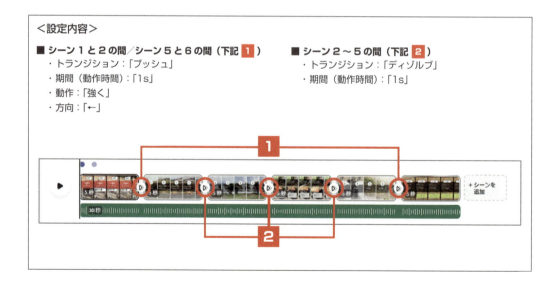

＜設定内容＞

■ シーン1と2の間／シーン5と6の間（下記 1 ）
・トランジション：「プッシュ」
・期間（動作時間）：「1s」
・動作：「強く」
・方向：「←」

■ シーン2～5の間（下記 2 ）
・トランジション：「ディゾルブ」
・期間（動作時間）：「1s」

Chapter 14 画像生成 AI 「Adobe Firefly」の活用

使用する素材

素材テンプレート	なし
素材ファイル	・14_スタイル参照.jpg ・14_構成参照.png

「Adobe Firefly」とは

Adobe の画像生成サービス

「Adobe Firefly」とは、Adobe が提供する、AI を使った画像生成サービスです。
単体の Web サービスとしての利用が可能ですが、他の Adobe 製品にも機能として組み込まれているため、**Adobe Express 上でも Adobe Firefly を使った画像生成を行う**ことができます。
また、著作権や倫理に配慮されており、**安心して商用利用する**ことができます。

Adobe Firefly(Web版)
Adobe が提供する画像生成サービス　▶▶ P.274 で解説

画像生成機能の一部を他の Adobe 製品にも搭載

Adobe Express
Adobe Firefly の仕組みが組み込まれているため、画像生成を Web アプリ上で行うことができる。
▶▶ P.267 で解説

Ps Photoshop
Ai Illustrator
Pr Premire Pro
　　　　　　など

Chapter14 では、この Adobe Firefly の機能を「Adobe Express で使う方法」と「Web 版で使う方法」について解説します。

1 AI 機能を使った画像生成（Adobe Express 編）

思い通りの画像を AI が瞬時に作成！

画像生成とは、イメージや雰囲気を文字で AI に伝えるだけで、自動で画像を生成することができる機能です。

誰でも簡単に画像やイラストが作成できるため、「自分で撮影する」「自分で絵を描く」「プロにお願いする」といった手間が省け、作業時間と経費の大幅な削減につながります。

上記のように、AI に指示や質問を伝えるために入力する言葉や文章のことを「プロンプト」と呼びます。簡単に言うと、AI に何をしてほしいかを伝えるための「言葉の指示書」です。

画像生成を行う方法

ここでは、Adobe Express 上で画像生成を行う方法について解説します。

① ホーム画面の ➕ ボタンから、「正方形」のファイルを新規作成しましょう。

② ファイル名を「14_画像生成」に変更しましょう。（P.16 参照）

■ 画像を生成する

ここでは、ドーナッツ店のマスコットキャラクター作成の依頼を受けたと想定し、画像生成機能を使ってイラスト画像を作成します。

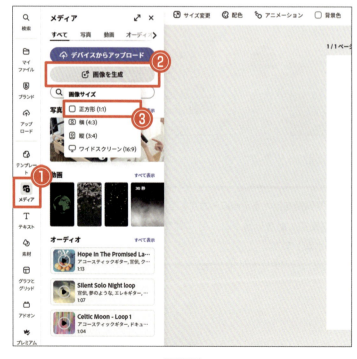

❶「メディア」をクリック

❷「画像を生成」をクリック

❸ 画像サイズを選択
　ここでは「正方形（1：1）」を選択します。

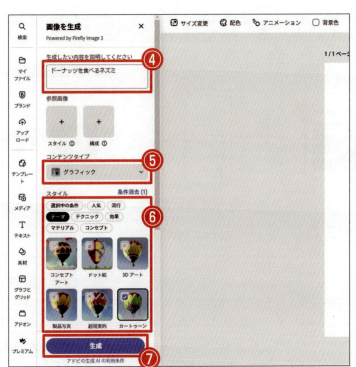

❹ **プロンプトを入力**
ここでは「ドーナッツを食べるネズミ」と入力します。

❺ **コンテンツタイプを選択**
ここでは「グラフィック」を選択します。

写実的にしたい場合は「写真」、イラストにしたい場合は「アート」、その中間あたりにしたい場合は「グラフィック」を選びましょう。

❻ **スタイルを選択**
ここでは「テーマ」の「カートゥーン」を選択します。
※ スタイルについては次ページ参照

❼ **「生成」をクリック**

❽ **「結果」から好みの生成結果を選択**

❾ **画像の選択を解除**
画像の外側をクリックし、選択を解除します。

📝 MEMO | 生成した画像の設定を変更して生成をやり直す方法

生成した画像は、以下の方法で設定を変更し、生成をやり直すことができます。

❶ 画像を選択
❷ 「画像を生成」の ⟳ をクリック

❸ 設定を変更
「画像を生成」プロパティで設定内容を変更し、「生成」をクリックします。

💡 POINT | スタイルについて

「画像を生成」のプロパティには、「スタイル」という項目があります。これは、生成する画像の全体的なデザインや見た目の特徴などを指定する機能です。

スタイルのカテゴリー
カテゴリーをクリックすると、そのカテゴリーに含まれるスタイルが下に表示されます。

スタイル
反映させるスタイルをクリックしてチェックを入れます。
スタイルは、複数を設定することも可能です。

＜スタイルの設定例＞

「テクニック」の「パレットナイフ」　　「テーマ」の「ベクター風」

他の画像を参照して画像生成を行う

「画像を生成」プロパティにある「参照画像」の機能を使うと、別の画像を参照させて、それに似たスタイルや構成の画像を生成することができます。

● スタイルを参照

参照した画像の色味やタッチを真似て画像を生成します。

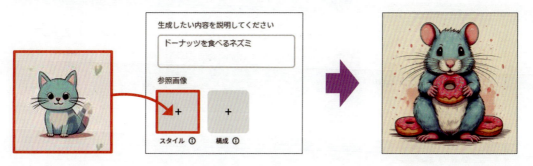

● 構成を参照

参照した画像の構成を真似て画像を生成します。

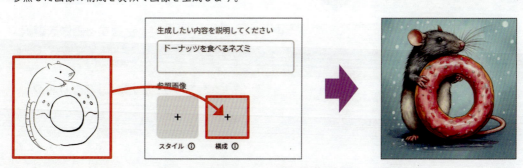

■ 他の画像を参照して画像を生成する

「ドーナッツを食べるネズミ」のイラスト画像を、「14_構成参照.png」の構成を参照して作成します。
※ 初めから操作を行います。P.268 〜 P.269 で生成した画像は削除しておきましょう。

❶ 「メディア」をクリック

❷ 「画像を生成」をクリック

❸ 画像サイズを選択

　ここでは「正方形（1：1）」を選択します。

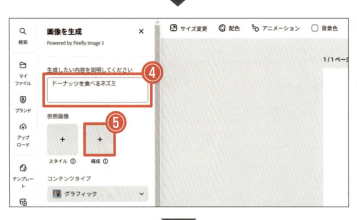

❹ プロンプトを入力

　ここでは「ドーナッツを食べるネズミ」と入力します。

❺ 「構成」の「＋」をクリック

　※ スタイルを参照したい場合は、「スタイル」の「＋」をクリックします。

❻ 参照する画像を選択

　ここでは「14_構成参照.png」を選択します。

❼ 「開く」をクリック

※「参照画像について」というメッセージが表示されることがあります。これはアップロードする画像に対して使用権限がある（インターネット上の画像などを無断で使用していない）ことを確認するものです。問題ないことを確認し、「確認」をクリックしてください。

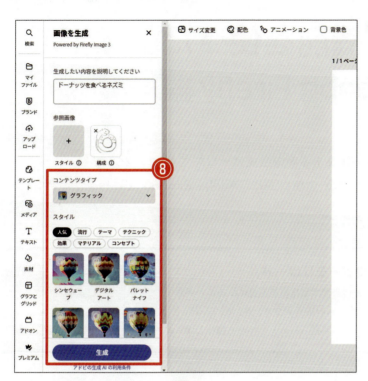

❽「コンテンツタイプ」と「スタイル」を指定して「生成」をクリック

ここでは、コンテンツタイプに「グラフィック」を指定し、スタイルには何も指定しません。

「14_構成参照.png」と同じ構成の画像が生成されます。

2 AI 機能を使った画像生成（Adobe Firefly 編）

「Adobe Firefly」は、Adobe が提供する画像生成サービスです。（P.266 参照）
ここでは、Adobe Firefly（Web 版）の使い方と、Adobe Express では行えない特有の機能について解説します。

挙動がおかしい場合はブラウザーをリロード

Adobe Firefly は、アップデートなどの影響で動作が不安定になることがあります。「思い通りに操作ができない」「画面の表示が違う」など、Adobe Firefly の挙動がおかしい場合は、ブラウザーをリロード（再読み込み）してから操作してください。

Adobe Firefly の使い方

■ Adobe Firefly を開く

「Adobe Firefly」の Web 版には、Adobe Express のホーム画面からアクセスすることができます。

❶ Adobe Express の
　ホーム画面を表示

❷ 🔲 をクリック

❸ 「Adobe Firefly」を
　クリック

「Adobe Firefly」のページが、新しいタブで表示されます。

画像を生成する

ここでは、「青空の中でロードバイクに乗って山道を走っている男性」の画像を生成します。

❶ 入力ボックスにプロンプトを入力

ここでは、「青空の中でロードバイクに乗って山道を走っている男性」と入力します。

※ 入力例のプロンプトは削除してください。

❷「生成」をクリック

画像が生成され、4パターンの結果が表示されます。

📝 MEMO｜生成画面の構成

「Adobe Firefly」のトップページに戻ります。

1 生成結果
4つの生成結果が表示されます。

2 生成結果の表示切替
生成結果の並べ方を切り替えます。

3 生成結果の履歴
生成結果の履歴が並びます。

4 履歴の表示／非表示
生成結果の履歴の表示を切り替えます。

5 プロンプト
プロンプトが表示されます。別の画像を生成する場合は、ここにプロンプトを入力して「Generate（生成）」をクリックします。

6 一般設定
- モデル・・・・・・・・・Adobe Fireflyのモデルを「Image2」「Image3」から選ぶことができます。新しいモデルの「Image3」がおすすめです。
- クイックモード・・・・オンにすると、画質が落ちる代わりに生成のスピードが速くなります。
- 縦横比・・・・・・・・・生成する画像の縦横比を指定することができます。

7 コンテンツの種類
コンテンツの種類を「アート」「写真」から選ぶことができます。

8 合成
アップロードした画像、またはギャラリーを参照して画像を合成します。合成の強さは、強度のスライダーで調整できます。
※ Adobe Expressの「構成参照」にあたる機能です。

9 スタイル
- 参照・・・・・・・・・アップロードした画像、またはギャラリーを参照して、色味や雰囲気を変更します。
  ※ Adobe Expressの「スタイル参照」にあたる機能です。
- 効果・・・・・・・・・画像効果を適用し、画像の見た目を変更します。
- カラーとトーン・・・・色味や色調を調整します。
- ライト・・・・・・・・・光の当たり方を指定します。
- カメラアングル・・・・カメラのアングルを指定します。

■ 生成画像を「お気に入り」に登録する

「お気に入り」とは、生成した画像を Adobe Firefly 上に保存しておく機能です。
「お気に入り」に登録した画像とその生成履歴は、Adobe Firefly でいつでも呼び出すことができます。

❶ **生成画像にマウスポインターを合わせる**
ここでは、左上の生成画像にマウスポインターを合わせます。

❷ **☆をクリック**
☆が黒で表示され、生成画像が「お気に入り」に登録されます。

■「お気に入り」に登録した生成画像を呼び出す

「お気に入り」に登録した生成画像は、Adobe Firefly の「お気に入り」のページにまとめられます。

❶ **トップページを表示**
生成結果の画面の左上にあるロゴをクリックし、Adobe Firefly のトップページを表示します。

❷「お気に入り」をクリック

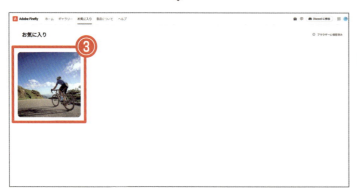

お気に入りに登録されている生成画像が表示されます。

❸ 画像をクリック

お気に入りに登録した生成画像が、生成時の結果と共に表示されます。

POINT | 生成画像は一期一会

生成した画像は、一度ページを更新したりページから離れると消えてしまいます。その後に再度同じ条件で画像を生成しても、同じ結果は二度と表示されません。

気に入った生成結果は、こまめに「お気に入り」に登録するようにしましょう。

■ 類似の項目を生成する

「類似の項目を生成」という機能を使うと、選択した生成画像に似た別パターンの画像を生成することができます。

左上の後ろ姿の画像が一番イメージに近いけど、別パターンも見たい…

左上の画像に似た画像を生成！

❶ 生成画像にマウスポインターを合わせる

ここでは、左上の生成画像にマウスポインターを合わせます。

❷ ✏ をクリック

❸ 「類似の項目を生成」をクリック

指定した画像に似た別パターンの画像が生成されます。

生成結果は、画面の下部に履歴として残ります。生成結果を元に戻したい場合は、前の生成結果をクリックしましょう。

■ 生成画像をダウンロードする

生成した画像は、以下の方法でダウンロードすることができます。

❶ 生成画像にマウスポインターを合わせる

　ここでは、右上の生成画像にマウスポインターを合わせます。

❷ をクリック

※「画像をさらに編集」というポップアップが表示された場合は「閉じる」をクリックしてください。

Firefly 青空の中でロードバイクに乗って
山道を走っている男性 XXXXX.jpg

生成画像がパソコンにダウンロードされます。

📝 MEMO ｜ 生成画像の解像度を上げる（アップスケール）

生成結果の画面で「アップスケール」という機能を使うと、生成画像の解像度を上げることができます。

❶ 生成画像にマウスポインターを合わせる
❷ 「アップスケール」をクリック

画像がアップスケールされます。
※ 画像にマウスポインターを合わせると、「アップスケール済み」と表示されます。

印刷物の作成時など、解像度の高い画像が必要な場合は、画像をアップスケールしてからダウンロードしましょう。

生成画像を Adobe Express で編集する

生成した画像には、テキストや図形などを追加することができます。その際の編集は、Adobe Express 上で行います。

❶ 生成画像にマウスポインターを合わせる

ここでは、右上の生成画像にマウスポインターを合わせます。

❷ ✏️ をクリック

❸ 「テキストを追加」をクリック

新しいタブで Adobe Express が開き、生成画像とテキストボックスが追加された状態の編集画面が表示されます。

❹ デザインを編集

Adobe Express の機能を使って、デザインを編集します。

3 生成AIの著作権について

他人が作成したイラストや撮影した写真を制作物に使用する場合は、著作権に注意する必要があります。
では、Adobe Fireflyのように生成AIが作成した画像についてはどうでしょう？
ここでは、著作権の基本的な考え方や、生成AIを利用した場合の著作権判断などについて解説します。

著作権とは

著作権は知的財産権の1つで、写真やイラスト、文章などの「著作物」を創作した人に与えられる、無断で著作物をコピーされたり、インターネット上で利用されたりしない権利のことです。
著作権は、著作物を創作した時点で自動的に発生します。

＜著作物の例＞

- 言語の著作物 … 論文、小説、脚本など
- 音楽の著作物 … 楽曲、歌詞など
- 美術の著作物 … 絵画、漫画など
- 写真の著作物 … 風景写真、人物写真、広告写真など

> **MEMO｜著作物の対象にならないもの**
>
> 以下のようなものは、著作権の対象にはなりません。
>
> - データや事実
> - 表現でないアイデア（作風・画風など）
>
> 後発の新たな創作や表現活動を促進をするため、単なる思いつきのアイディアは著作物とみなされません。
> このようにして、表現の自由は保護されています。

AIによる生成物の著作権

AIを利用して生成されたものの著作権は、利用者本人にあります。そのため、AIによる生成物をチラシやバナーに利用しても、基本的には著作権の侵害にはなりません。
ただし、**AIの学習データに既存の作品が含まれていた場合は注意が必要**です。AIによる生成物かどうかに関わらず、既存の作品との類似性が認められると、著作権を侵害しているとみなされる場合があります。

Adobe Fireflyは著作権を気にせず商用利用が可能！

Adobe Fireflyの学習データには、「**権利がすでに切れているもの**」または「**著作権をクリアしているもの**」が使用されています。そのため、著作権を気にせず安心して商用利用することが可能です。

ただし、AIが生成したものを使った結果の責任は、あなた自身にあります。AIを業務で使用するときは、会社のポリシーなども確認し、十分に注意するようにしましょう。

> 📝 **MEMO** | 生成AIでの作成が禁止されているコンテンツ
>
> Adobeでは、生成AIの利用者に対し、以下のようなコンテンツの作成、アップロード、共有を禁止しています。
> （「Adobe 生成AI ユーザーガイドライン」より）
>
> ・ポルノ的な素材または露骨なヌード
> ・人種、民族性、出身国、宗教、重篤な病気や障害、性別、年齢、性的指向に基づいてグループを攻撃する、または非人間的に扱う、憎悪的なまたはきわめて不快なコンテンツ
> ・露骨な暴力表現または流血表現
> ・暴力の助長、美化または脅威
> ・違法な行為や物品
> ・自傷行為または自傷行為の助長
> ・裸の未成年者の描写、または未成年者の性的な描写
> ・テロまたは暴力的過激主義の助長
> ・現実世界に危害を及ぼす可能性のある、誤解を招く、詐欺的な、または欺瞞的なコンテンツの拡散
> ・他者のプライベート情報

索引

アルファベット

Adobe Express・・・・・・・・・・・・ 10
Adobe Firefly・・・・・・・・ 266, 274
Adobe Firefly を開く・・・・・・・ 274
Attention Insight・・・・・・・・・ 165
CSV ファイル・・・・・・・・・・・ 200
Gradients・・・・・・・・・・・・・ 161
Irasutoya・・・・・・・・・・・・・ 163
JPG・・・・・・・・・・・・・・・・・ 82
PDF 印刷・・・・・・・・・・・・・・ 82
PDF 規格・・・・・・・・・・・・・・ 82
PNG・・・・・・・・・・・・・・・・・ 82
QR コードの作成・・・・・・・・・・ 60
QR コードの追加・・・・・・・・・・ 62
SNS との連携・・・・・・・・・・・ 208
Uploads・・・・・・・・・・・・・・ 44

あ行

アートボードの拡大／縮小・・・・・・ 18
アートボードのサイズ変更・・・・・ 129
アートボードの表示範囲の調整・・・・ 78
アイコンの追加・・・・・・・・・・・ 21
アウトライン・・・・・・・・・・・・ 39
アウトラインの幅・・・・・・・・・・ 39
アカウントの取得・・・・・・・・・・ 13
アップスケール・・・・・・・・・・ 280
アップロード・・・・・・・・・・・・ 16
アドオン・・・・・・・・・・・・・ 159
アドオンの追加・・・・・・・・・・ 159
アニメーション・・・・・・・・・・ 225
アニメーションの動作時間・・・・・ 235
アニメーションの方向・・・・・・・ 227
一括作成・・・・・・・・・・・ 199, 201
いらすとや・・・・・・・・・・・・ 163
内トンボ・・・・・・・・・・・・・・ 82
閲覧と使用可能・・・・・・・・・・ 183
オーディオ・・・・・・・・・・・・ 219
オーディオの追加・・・・・・・ 222, 259
お気に入り（Adobe Express）・・・・ 87
お気に入り（Adobe Firefly）・・・・ 277
オブジェクトの移動・・・・・・・・・ 23
オブジェクトの色の変更・・・・・・・ 19
オブジェクトの回転・・・・・・・・・ 23
オブジェクトのコピー＆ペースト・・ 69, 102
オブジェクトのサイズ変更・・・・・・ 23
オブジェクトの整列・・・・・・・ 91, 92
オブジェクトの複製・・・・・・・・・ 75
オブジェクトを削除・・・・・・・・ 154
オブジェクトを挿入・・・・・・・・ 157
オブジェクトを背景に設定・・・・・ 146
オンライン MTG の背景画像のサイズ・・・ 85

か行

拡張・・・・・・・・・・・・・・・ 131
重なり順の変更・・・・・・・・ 25, 26
箇条書き・・・・・・・・・・・・・・ 39
画像内の不要なものを削除・・・・・ 155
画像にオブジェクトを挿入・・・・・ 157
画像のアップロード・・・・・・・・ 42
画像の切り抜き・・・・・・・・ 90, 150
画像の切り抜き（シェイプ）・・・・・ 151
画像の生成（Adobe Express）・・・・ 268
画像の生成（Adobe Firefly）・・・・ 275

画像の背景の削除・・・・・・・・・・139
画像の復元・・・・・・・・・・・・・142
画像を参照して画像を生成・・・・・・271
カラースウォッチ ・・・・・・・・・175
カラーパレット・・・・・・・・・・・174
共有相手に与える権限（ファイル）・・・194
共有相手に与える権限（ブランド）・・・183
共有の解除・・・・・・・・・・・・・124
切り抜いた画像の調整・・・・・・・・153
グラフとグリッド・・・・・・・・・・16
グラフの色の変更 ・・・・・・・・・109
グラフの追加・・・・・・・・・・・・105
グラフのデータの追加・・・・・・・・108
グラフのデータの編集・・・・・・・・107
グラフの表示内容の変更・・・・・・・110
グリッド・・・・・・・・・・・・・・145
グリッドに写真を追加・・・・・147, 149
グリッドの調整・・・・・・・・・・・147
グリッドの追加・・・・・・・・・・・145
グループ化・・・・・・・・・・50, 51
グループ化の解除・・・・・・・・・・52
消しゴム・・・・・・・・・・・・・・140
検索・・・・・・・・・・・・・・・・16
コメント・・・・・・・・・・・・・・195
コメント可能・・・・・・・・・・・・194
コメントの削除・・・・・・・・・・・198
コメントの追加・・・・・・・・・・・195
コメントの編集・・・・・・・・・・・198
コメントの返信・・・・・・・・・・・197

さ行

サイズ変更・・・・・・・・・・34, 129
再生ヘッド・・・・・・・・・・・・・218
参加者ウィンドウ・・・・・・・118, 120
シーン・・・・・・・・・・・・・・・219
シーンの削除・・・・・・・・・・・・251
シーンの追加・・・・・・・・・・・・237
シーンのトリミング ・・・・・・・・252
シーンの長さを調整・・・・・・・・・240
シーンの並べ替え・・・・・・・・・・250
色調補正・ぼかし・・・・・・・・・・238
写真の追加・・・・・・・・・・・・・151
商用利用・・・・・・・・・・・・12, 283
ショート動画・・・・・・・・・・・・216
ショート動画の仕様 ・・・・・・・・217
新規作成・・・・・・・・・・・15, 134
図形の追加・・・・・・・・・・・・・24
すべてのページを表示 ・・・・・・・66
すべてをアニメート・・・・・・256, 257
スポイト・・・・・・・・・・・・・・20
スライドショーの構成・・・・・・・・98
生成AIの著作権 ・・・・・・・・・・282
生成画像のダウンロード・・・・・・・280
生成画像の編集・・・・・・・・・・・281
生成クレジット・・・・・・・・・・・127
整列 ・・・・・・・・・・・・・91, 92
セルの複数選択・・・・・・・・・・・115
全画面表示・・・・・・・・・・・・・117
選択の解除・・・・・・・・・・・・・21
線の調整・・・・・・・・・・・・・・78
線の追加・・・・・・・・・・・・・・77
素材・・・・・・・・・・・・・・・・16

た行

- タイムラインパネル ・・・・・・・218
- ダウンロード・・・・・・・・81, 228
- 裁ち落とし・・・・・・・・・・・82
- 著作権・・・・・・・・・・・・282
- ティーザー動画・・・・・・・・216
- テキスト・・・・・・・・・・・・16
- テキスト効果・・・・・・・・72, 73
- テキストの設定・・・・・・・・・39
- テキストの追加・・・・・・・・・49
- テキストボックスの選択・・・・・42
- テキストレイアウト・・・・・136, 137
- デザイン素材の追加・・・・・・・56
- デザインの4大原則 ・・・・・・100
- 電子メールアドレスで新規登録・・・14
- テンプレート・・・・・・・・15, 30
- テンプレートの検索・・・・・31, 35
- テンプレートの作成・・・・・・169
- テンプレートを開く・・・・・・・33
- 動画のダウンロード・・・・・・228
- 動画の追加・・・・・・・239, 248
- 動画ファイルの新規作成・・・・・231
- 動画をまとめてアップロード・・・250
- 投稿予約・・・・・・207, 211, 214
- 投稿予約の削除・・・・・・・・214
- トランジション・・・・219, 242, 243
- トランジションの追加・・・・・・242
- 取り消し・・・・・・・・・・・18

は行

- 背景色・・・・・・・・・189, 232
- 背景のコピー・・・・・・・・・・74
- 背景の設定・・・・・・・・・・・37
- 背景を削除・・・・・・・・・・139
- 発表者ウィンドウ・・・・・118, 120
- 発表者ノート・・・・・・・・・121
- 発表者モード・・・・・・・・・118
- ビデオ解像度・・・・・・・・・228
- 描画モード・・・・・・・・58, 59
- 表示専用リンク・・・・・・・・122
- 表の移動・・・・・・・・・・・116
- 表の罫線の色・・・・・・・・・115
- 表のセルの色・・・・・・・・・114
- 表の追加・・・・・・・・・・・111
- 表の文字入力・・・・・・・・・112
- 表の列の幅や行の高さを調整・・・・116
- 表の列や行の追加 ・・・・・・・113
- ファイルからページを追加・・・・・65
- ファイル形式・・・・・・・・・・82
- ファイルの共有・・・・・・・・193
- ファイルの新規作成・・・・・・・134
- ファイル名の変更・・・・・・・・16
- フィルター・・・・・・・・30, 32
- フォント・・・・・・・・・・・・39
- フォントの検索・・・・・・・・・53
- フォントファミリー・・・・・・・39
- 複数選択・・・・・・・・・・・・40
- 複数ページの操作方法 ・・・・・67, 68
- 複製して配置・・・・・・・・・・75
- 不透明度・・・・・・・・・・・・60
- ブランド・・・・・・・・・・・171
- ブランドの共有・・・・・・・・181
- ブランドの共有の解除・・・・・・183
- ブランドの削除・・・・・・・・180
- ブランドの作成・・・・・・・・172

| プレミアムプラン・・・・・・・・11, 126
| プレミアムプランへの切り替え・・・・127
| プロンプト・・・・・・・・・・267
| ページとして追加・・・・・・・・65
| ページの切り替え ・・・・・・・67, 68
| ページの削除・・・・・・・・67, 68
| ページの追加・・・・・・・・67, 68
| ページの複製・・・・・・・・67, 68
| ページ背景に設定・・・・・・・146
| ページメニューの表示・・・・・・68
| 編集可能（ファイル）・・・・・・194
| 編集可能（ブランド）・・・・・・183
| 編集画面・・・・・・・・・・16
| ホーム画面・・・・・・・・・15
| 保存・・・・・・・・・・・18

ま行

| マイファイル・・・・・・・・15, 16
| 名刺に記載する要素・・・・・・・28
| 名刺のサイズ・・・・・・・・・34
| メディア・・・・・・・・・・16
| 文字間隔・・・・・・・・・・39
| 文字の色・・・・・・・・・・39
| 文字のサイズ・・・・・・・・・39
| 文字の設定・・・・・・・・・39
| 文字の追加・・・・・・・・・49
| 文字の配置・・・・・・・・・39
| 文字フレーム・・・・・・・・・93

や行

| 有料フォント・・・・・・・・・53

ら行

| リンクの削除・・・・・・・・・124
| リンクを知っているすべてのユーザー・・194
| 類似の項目を生成・・・・・・・279
| レイヤー・・・・・・・・・・26
| レイヤートラック・・・・・・・219
| レイヤートラックの表示・・・・・219
| レイヤーの表示時間の調整・・・・・220
| レイヤーの表示時間を調整・・・・218
| ログアウト・・・・・・・・・14
| ログイン・・・・・・・・・・14
| ロック・・・・・・・・・・・70
| ロックの解除・・・・・・・・・71

濱野 将 (Adobe Community Expert)

株式会社 IMAKE 代表取締役。デザイナーとして紙媒体・Web デザイン・動画編集などを行ってきた約 20 年の実績経験から、多角的な視点で UI/UX を考慮したディレクションや、動画教材のアドバイザーとして活動中。
また、講師として東京工科大学の演習講師やデジタルハリウッド講師、Udemy でデザイン関連のコース開設もしており、これまでの受講者は延べ 15,000 人以上。
Adobe Community Expert として Adobe Express を中心に啓蒙活動も行っている。
X：@2yan2yan2yanko
Instagram：@2yan2yan2yanko

桑原 杏咲

2022 年に株式会社 IMAKE に入社。
趣味でイラストを描きつつ、実務では主に Web のデザイン、コーディングに携わる。
Adobe MAX のロゴをモチーフにしたオリジナル作品を投稿するデザインコンテスト、MAX Challenge 2023 では、グラフィック部門で、準グランプリを獲得 (kuwaanzu 名義)
X：@kuwakuwanokuwa
Instagram：@kuwaanzu

あしたの仕事力研究所

「あしたの仕事力研究所」は、実務スキルの習得と検定等の提供を通じ、企業で働く人材育成を支援します。
また、社会の変化に対応した様々な働き方の可能性を高めるコンテンツの提供を行っています。

イチからはじめる
Adobe Express ビジネス活用入門

2025 年 2 月 25 日　　第 1 版 第 1 刷発行

著　　　者		濱野 将、桑原杏咲、あしたの仕事力研究所
編　　　集		田村規雄
発 行 者		浅野祐一
発　　　行		株式会社日経 BP
発　　　売		株式会社日経 BP マーケティング
		〒 105-8308　東京都港区虎ノ門 4-3-12
装　　　丁		奈良岡菜摘
本文デザイン		一般社団法人あしたの仕事力研究所
制　　　作		一般社団法人あしたの仕事力研究所
印刷・製本		TOPPAN クロレ株式会社

ISBN978-4-296-20716-9

© Sho Hamano, Asaki Kuwabara, Ashitanoshigotoryoku Institute Association 2025
Printed in Japan

本書の無断複写・複製 (コピー等) は著作権法上の例外を除き、禁じられています。購入者以外の第三者による電子データ化及び電子書籍化は、私的使用を含め一切認められておりません。

本書籍に関するお問い合わせ、ご連絡は下記にて承ります。
https://nkbp.jp/booksQA